高等职业教育建筑设计类专业精品教材

Construction & Management of
Building Decoration Engineering

建筑装饰工程
施工组织与管理

主　编　蔡鲁祥　王　岚

副主编　穆　波　汤留泉

中国轻工业出版社

图书在版编目（CIP）数据

建筑装饰工程施工组织与管理 / 蔡鲁祥，王岚主编 . —北京：
中国轻工业出版社，2023.7

ISBN 978-7-5184-3011-6

Ⅰ.①建… Ⅱ.①蔡… ②王… Ⅲ.①建筑装饰—工程施工—施
工组织 ②建筑装饰—工程施工—施工管理 Ⅳ.①TU721 ②TU767

中国版本图书馆CIP数据核字（2020）第084233号

责任编辑：李 红 责任终审：孟寿萱
整体设计：锋尚设计 责任校对：朱燕春 责任监印：张 可

出版发行：中国轻工业出版社（北京东长安街6号，邮编：100740）
印 刷：三河市万龙印装有限公司
经 销：各地新华书店
版 次：2023年7月第1版第2次印刷
开 本：889×1194 1/16 印张：12.75
字 数：300千字
书 号：ISBN 978-7-5184-3011-6 定价：39.80元
邮购电话：010-65241695
发行电话：010-85119835 传真：85113293
网 址：http://www.chlip.com.cn
Email：club@chlip.com.cn
如发现图书残缺请与我社邮购联系调换
230779J2C102ZBW

前言

随着我国经济发展稳步上升，国民经济得到有效改善，对于当今社会发展的潮流而言，人们对建筑工程的质量、安全、技术方面更加关注。因此，如何在建筑工程中提升工程质量、安全施工与管理、强设计和施工人员的培训等成了重点关注对象。建筑装饰行业的发展与国民经济发展水平密切相关，我国快速发展的宏观经济为建筑行业的发展提供了坚实的基础。同时，不可逆转的城市化进程为建筑装饰行业创造了持续、巨大的市场需求，支撑着建筑装饰行业的持续高速发展。

习近平总书记在党的二十大报告中指出，教育、科技、人才是全面建设社会主义现代化国家的基础性、战略性支撑。在百年奋斗历程中，我们党始终重视教育、重视培养人才。习近平总书记高度重视科技和教育事业发展，围绕科技创新和教育工作做出一系列重要论述，强调要深入实施科教兴国战略、人才强国战略、创新驱动发展战略，完善国家创新体系，加快建设科技强国，实现高水平科技自立自强。

建筑装饰工程施工组织与管理是建筑实施的重要科目，是我国基础建设人才培养的重要课程之一，结合了科学的先进性与教育的融合性，是科技和教育事业完美结合的基础建设学科课程。学习研究建筑施工组织与管理方法，要根据本书深入浅出地了解施工方案，做好施工准备、编制施工进度计划、合同与造价管理。确定装饰工程施工管理依据，明确政府颁布的各种法规、条例、标准、规范，装饰施工单位与业主签订的承包合同及与其相应的工程图纸、工程量清单、技术说明书以及业主代表签发的指令、洽商、变更等。建筑工程施工组织设计是整个工程顺利进展的保障，通过对工程实际情况与客户需求的全面分析，制定详细施工方案（包括施工进度、工种选择、项目预算等），装饰企业可进行人力、基础设施的合理配置，并且可以实现装饰工程与土建工程的良好协调，提高建筑物整体质量。

在建筑工程施工中，安全问题要放在第一位，这在任何施工过程中都应该是重中之重。如果没有做好安全管理措施，一旦发生安全事故，则会造成不可估量的后果。因此，在建筑装饰施工中，一定要做好安全管理工作，对于装饰工程施工中多发事故段，要做好必要的防护和处理措施。另外，对于安全用火、安全用电、高空坠落、现场维保工作等方面要做好相应的安全措施。在施工过程中，定期检查施工设备、施工人员的安全防护、施工安全隐患。对于一些不安全的行为要及时处理，杜绝安全事故的发生。

在建筑施工管理中，在任何工程的操作过程中，有效的管理都是必不可少的组成部分，建筑装饰工程也不例外，其施工管理过程包括质量控制、成本控制、安全控制与进度控制四个方面。其中，进度控制是核心，质量控制是根本，成本控制是关键，安全控制是保障，只有将这几个部分统筹兼顾，才能高效保质地完成装饰工程建设。

本书在编写中，强调了建筑施工组织与管理之间关系，两者缺一不可。本书一共分为8章，第一章主要对建筑装饰施工组织进的概念、内容、主要作用、分类等情况做了讲解，帮助读者对建筑装饰工程施工与管理的认知；第二章对建筑装饰工程流水施工的方式、主要参数、施工步骤进行了全面概述，流水施工方式有效解决了施工中时间与工种之间的矛盾关系；第三章的主要内容为网络计划技术，在施工中融入网络计划技术，能够有效管理各个施工节点；第四章对建筑装饰工程施工组织设计的基本情况、进度计划、编制步骤、资源需用量、施工平面图等内容作了详细讲解，其中，施工平面图是施工的主要依据，在绘制时不能出现失误；第五章讲述了如何进行工程施工项目管理，将管理融入施工全过程；第六章主要是对工程施工技术的管理，只有施工技术得到有效提升，工程质量才能更好；第七章是对建筑装饰工程质量管理的概述，通过质量管理、控制、验收等形式，有效管理施工质量；第八章主要讲述了建筑工程施工的安全管理与环境保护，为生态环境的可持续发展保驾护航，减少资源浪费与环境破坏。

本书主编为宁波财经学院环境设计系蔡鲁祥、湖北交通职业技术学院建筑与艺术设计学院王岚，副主编为武汉工程大学艺术设计学院穆波、湖北工业大学艺术设计学院汤留泉。第一、二、三章由蔡鲁祥编写，字数约10万，第四、五章由王岚编写，字数约8万，第六、七章由穆波编写，字数约8万，第八章由汤留泉编写，字数约4万。

编者

目录

CONTENTS

第一章
建筑装饰工程施工组织概述

PPT 课件
（扫码下载）

» 学习难度：★ ☆ ☆ ☆ ☆

» 重点概念：概念，施工程序、施工准备工作、企业资质、施工特点

» 章节导读：建筑装饰工程施工中，结合工程性质和规模、工期长短、工人数量、机械化
程度、材料供应、构件生产方式、运输条件等各种技术经济情况，选出最合
理的施工方案，是施工前必须解决的问题。通过考虑以上因素，编制规划出
指导施工全局的技术经济文件，称为"施工组织设计"。它将设计与施工、
技术和经济、前方与后方、部门和全局、时间与资源之间的关系有机地协调
起来，使施工建立在科学的基础上，使得人尽其力、物尽其用，优质、低耗、
高速地取得最好的社会经济效益。

第一节 什么是建筑装饰工程施工组织设计

一、建筑装饰工程施工组织设计的概念

建筑装饰工程施工组织设计是根据拟建工程的特点，对资金、材料、人力、机械、施工条件等方面的因素做出科学合理的安排，在施工与竣工验收的各项生产活动中形成具有指导意义的综合性经济技术文件，是专门对施工过程进行科学组织、协调的设计文件。

二、建筑装饰工程施工组织设计的主要内容

建筑装饰工程施工组织设计的主要内容包括工程概况、施工方案、施工进度计划、施工准备工作计划、各项资源需用量计划、施工平面布置图、主要技术组织措施、主要技术经济指标等方面（表1-1）。

表1-1 建筑装饰工程施工组织设计的主要内容

名称	内容
工程概况	简要说明该装饰工程的性质、规模、地点、装饰面积、施工期限以及气候条件等情况，做具体的情况说明
施工方案	根据工程概况，结合人力、材料、机械设备等条件，全面安排施工任务与总的施工顺序，确定主要工种工程的施工工艺；根据现有的各种条件，对拟建工程进行定性、定量的分析，通过经济评价，选择最佳的施工方案
施工进度计划	施工进度计划反映出最佳方案在时间上的全面安排，采用计划的方法，使工期、成本、资源等通过计算和调整，达到既定的目标，在此基础上合理的安排人力和各项资源需用量计划
施工准备工作计划	施工准备工作计划包括技术准备、现场准备及劳动力、材料、机具和加工半成品的准备等。施工准备工作计划是完成单位工程施工任务的重要环节，也是单位工程在施工组织设计中的一项重要内容。施工准备工作贯穿在整个施工过程中
各项资源需用量计划	各项资源需用量计划包括材料、设备需用量计划、劳动力需用量计划、构件和加工成品、半成品需用量计划、施工机具设备需用量计划与运输计划等，每项计划必须有具体数量及供应时间
施工平面布置图	施工平面布置图是施工方案及进度在空间上的全面安排。它将投入的各项资源和生产、生活场地合理地布置在施工现场，使整个现场有组织、有计划地文明施工
主要技术组织措施	主要技术组织措施是指为保证工程质量、安全、节约和文明施工而在技术和组织方面所采用的方法。主要技术组织措施包括保证质量措施，保证安全措施，成品保护措施，保证进度措施，消防措施，保卫措施，环保措施，冬、雨期施工措施等。制定这些措施是施工组织设计编制者的创造性工作
主要技术经济指标	主要技术经济指标是对确定施工方案及施工部署的技术经济效益进行全面的评价，用以衡量组织施工的水平

三、建筑装饰工程施工组织设计的分类

1. 按编制阶段分类（图1-1）

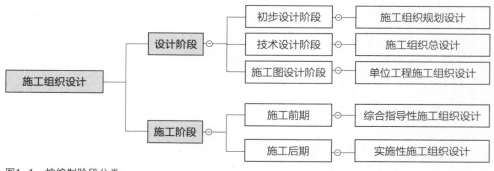

图1-1 按编制阶段分类

2. 按编制对象范围分类（图1-2）

3. 按编制内容的繁简程度分类

（1）完整的施工组织设计。

（2）简单的施工组织设计。

四、建筑装饰工程施工组织设计的作用

建筑装饰工程施工组织设计是建筑装饰工程施工前的必要准备工作之一，是合理组织施工和加强施工管理的一项重要措施，它对保质、保量、按时完成整个建筑装饰工程具有决定性作用。其作用主要表现在以下几个方面：

（1）施工组织设计是沟通设计和施工的桥梁，也可以用来衡量设计方案的施工可能性。

（2）施工组织设计对装饰工程从施工准备到竣工验收全过程起到战略部署和战术安排的作用。

（3）施工组织设计是施工准备工作的重要组成部分，对及时做好各项施工准备工作起着促进作用。

（4）施工组织设计是编制施工预算和施工计划的主要依据。

（5）施工组织设计是对施工过程进行科学管理的重要手段。

（6）施工组织设计是装饰工程施工企业进行经济技术管理的重要组成部分。

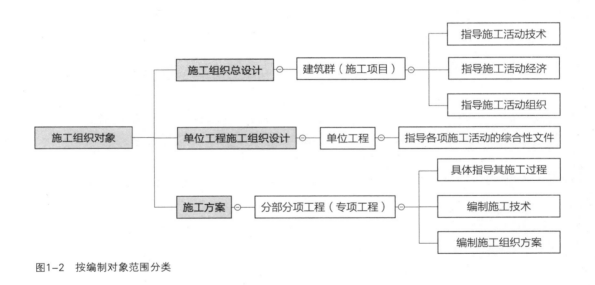

图1-2　按编制对象范围分类

第二节　建筑装饰工程施工程序与准备工作

一、建筑装饰工程施工程序

建筑装饰工程施工程序是在整个施工过程中各项工作必须遵循的先后顺序，反映了施工过程中必须遵循的客观规律，是多年来建筑装饰工程施工实践经验的总结。

建筑装饰工程的施工程序一般可划分为承接任务阶段、计划准备阶段、全面施工阶段、竣工验收阶段及交付使用阶段。大、中型建设项目的建筑装饰工程施工程序，如图1-3所示。

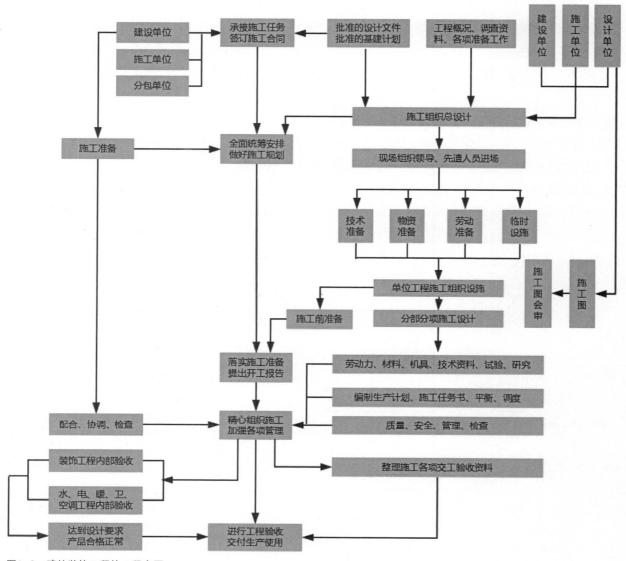

图1-3　建筑装饰工程施工程序图

1. 承接施工任务、签订施工合同

（1）承接施工任务。建筑装饰工程施工任务的承接方式有两种：一是通过公开招标投标承接；二是由建设单位（业主）向预先选择的几家有承包能力的施工企业发出招标邀请。目前，以前者最为普遍，它有利于建筑装饰行业的竞争与发展，也有利于施工单位提高技术水平，改善管理体制，提高企业素质。

（2）签订施工合同。承接施工任务后，建设单位（业主）与装饰施工单位应根据《中华人民共和国经济合同法》和《建筑装饰工程施工合同》的有关规定及要求签订施工合同。施工合同经双方法人代表签字后具有法律效力，必须共同遵守。建筑装饰工程施工合同应规定承包的内容、要求、工期、质量、造价及材料供应等，明确合同双方应承担的义务和职责，以及应完成的施工准备工作。

2. 建设准备阶段

施工合同签订后，施工单位应全面展开施工准备工作。这个阶段是建筑项目的工程准备阶段。它主要根据批准的计划任务书进行勘察设计，做好建设准备工作，安排建设计划。其主要工作包括：工程地质勘查、初步设计、扩大初步设计和施工图设计、编制设计概算、设备订货、征地拆迁、编制分年度的投资及项目建设计划等（图1-4、图1-5）。

3. 全面施工

这个阶段是基本建设项目及其投资的实施阶段，是根据设计图纸和技术文件进行建筑施工，做好生产或使用准备，以保证建设计划全面完成。施工前要认真做好图纸的会审工作，编制施工图预算和施工组织设计，明确投资、进度、质量的控制要求，施工中要严格按照施工图施工，按照质量评定标准进行工程质量验收，确保工程质量。对质量不合格的工程要及时采取措施，不留隐患，不合格的工程不得交工。施工单位必须按合同规定的内容全面完成施工任务。

4. 竣工验收、交付使用

工程竣工验收是建设程序的最后一步，是全面考核建设成果，检验设计和施工的重要步骤，也是建设项目转入生产和使用的标志。对于建设项目的竣工验收，要求生产性项目经负荷试运转和试生产合格，并能够生产合格产品；非生产性项目要符合设计要求，能够正常使用。验收结束后，要及时办理移交手续，交付使用。

二、建筑装饰工程施工准备工作

1. 概念

现代化的建筑装饰工程施工是一项十分复杂的生产活动，它不但具有一般建筑工程的特点，还具有工期短、质量严、工序多、材料品种复杂、与其他专业交叉多等特点。为了保证施工顺利进行，事先要做好建筑装饰工程施工的各项准备工作。主要从组织、技术、资金、劳动力、物资、生活等方面进行准备工作。建筑装饰工程施工准备工作不仅存在于开工前，而且贯穿整个工程建设的全过程，始终坚持"不打无准备之仗"的原则，减少在建筑装饰工程施工中准备不足的问题，避免丧失主动权，处于施工中的被动地位，导致施工项目无法顺利开展。

2. 作用

（1）施工准备工作是建筑施工程序的重要阶

图1-4　工程地质勘查
图1-4：工程地质勘查是建筑装饰施工顺利开工的前提条件，只有经过准确的地质勘查分析，得到专业的结论，才能确定在该地址上进行建筑。

图1-5　设备订货
图1-5：设备订货是指，在施工前期阶段，需要将施工机械、建筑材料、施工人员劳保用品等物品一一准备到位，确保开工顺利进行。

段。现代工程施工是十分复杂的生产活动，其技术规律和市场经济规律要求工程施工必须严格按照建筑施工程序进行。因此，施工准备工作是保证整个工程施工和安装顺利进行的前提条件，可以为拟建工程的施工提供必要的技术和物质条件，统筹安排施工资源和施工现场。

（2）施工准备工作是建筑业企业生产经营管理的重要组成部分。现代企业管理理论认为"企业管理的重点是生产经营，而生产经营的核心是决策"。施工准备工作是对拟建工程目标、资源供应、施工方案等多个方面进行选择和施工决策。它有利于企业做好目标管理，推行技术经济责任制，建立良好的企业管理制度。

（3）施工准备工作能有效降低施工风险。由于建筑产品及其施工生产的特点，在生产过程中受自然因素及外界干扰的影响大，给建筑装饰施工带来许多潜在风险。因此，只有根据周密分析和积攒多年的施工管理经验，采取有效的防范控制措施，充分做好施工准备工作，才能加强面对突发事件的应变能力，从而降低建筑企业在风险中的损失。

（4）做好施工准备工作能提高企业综合经济效益。认真做好施工准备工作，有利于发挥企业优势，合理供应资源，加快施工进度，提高工程质量，降低工程成本，增加企业经济效益，赢得企业社会信誉，实现企业管理现代化，从而提高企业综合经济效益。

实践证明，只有重视施工准备工作，认真细致地做好每一项施工准备工作，积极为建筑装饰工程项目创造有利的施工条件，才能保证建筑工程顺利进行。否则，就会给工程的施工带来麻烦和损失，以致造成施工停顿，发生质量安全事故等重大安全问题。

3. 要求

（1）注重各单位的相互协调。建筑装饰工程的施工工作涉及范围广，与其他专业（水电、暖等）交叉较多，在做施工准备工作时，不仅装饰工程施工单位要做好施工准备工作，施工中涉及的其他单位也要做好准备工作，减少施工过程中不必要的时间浪费，以及一些可以避免的施工突发事件。

（2）有计划、有组织、有步骤地分阶段进行。建筑装饰施工准备不仅要在施工前集中进行，而且要贯穿整个施工过程。建筑装饰施工场地相对比较狭小，及时、分阶段地做好施工准备工作，能最大限度地利用工作面，加快施工进度，提高工作效率。例如，在施工中，准确计算出每一层楼面使用的水泥、钢筋等材料，分批次及时输送原料，既能减少不必要的堆积场地与清场时间，也不会延误工期。因此，随着工程施工进度的不断进展，在各分部分项工程施工前，及时做好相应的施工准备工作，能为各项施工的顺利进行创造必要的条件。

（3）建立相应的检查制度。对施工准备工作要建立相应的检查制度，以便经常督促，及时发现问题，不断改进工作。

（4）建立严格的责任划分制度。按照施工准备工作计划将工作责任落实到相关部门和人员，明确各主要负责人、技术人员的职责，在施工过程中应当承担的责任，做到奖惩分明，落实到个人。

（5）执行开工报告、审批制度。建筑装饰工程的开工，是在施工准备工作完成以后，具备了开工条件，项目经理写出开工报告，经申报上级批准后方可执行。实行建设监理的工程，企业还需将开工报告送监理工程师审批，由监理工程师签发开工通知书，在限定时间内开工，不得拖延。

4. 意义

建筑装饰工程施工是一项十分复杂的生产活动，如果事先缺乏统筹安排和准备，在施工过程中难免会形成混乱的局面，影响施工工程顺利进行。首先，前期全面细致地做好施工准备工作，调动各方面的积极因素，按照建筑装饰工程施工程序；其次，合理组织人力、物力，对加快施工进度，降低施工风险，提高工程质量，节约资金和材料，提高经济效益，都会起到积极的作用；最后，严格遵守施工程序，按照客观规律组织施工，做好各项施工准备工作，是施工顺利进行和工程圆满完成的重要保证。

R 补充要点

施工验收检查

　　建筑装饰工程施工中，对于各项施工完成之后还需要进行验收，验收的标准和验收的方法，都需要做详细记录，保证每一个位置都能更加符合要求。外墙的验收以及水电的验收，管道的验收以及上下水的验收等，都包括在内，需要了解每一个位置在施工过程中是否能够达标，是否会造成一定的安全隐患。因此，在建筑装饰工程施工过程中，需要根据以上方法进行操作。

第三节　装饰施工企业及其组织施工特点

一、建筑装饰企业的资质等级和业务范围

　　建筑装饰企业的资质包括装饰工程设计资质等级和装饰工程施工资质等级两项。企业资质是企业技术能力、管理水平、业务经验、经营规模、社会信誉等综合性实力指标。对企业进行资质管理的制度是我国政府实行市场准入控制的有效手段。

1. 建筑装饰工程设计资质等级及其业务范围

　　（1）建筑装饰工程设计企业资质等级。建筑装饰工程设计资质等级标准是核定建筑装饰设计单位设计资质等级的依据。建筑装饰设计资质设甲、乙、丙三个级别（图1-6）。其分级标准的主要依据如下：

　　①从事建筑装饰设计业务，独立承担过的规定造价的单位工程数量，且无设计质量事故。

　　②单位的社会信誉和相适应的经济实力，工商注册资本。

　　③单位专职技术骨干人员数量及其专业分配，建筑装饰设计主持人应具有技术职称要求。

　　④是否参加过国家或地方建筑装饰设计标

准、规范及标准设计图集的编制工作或行业的公务建筑工作。

　　⑤质量保证体系的要求、技术、经营、人事、财务、档案等管理制度健全。

　　⑥达到国家建设行政主管部门规定的技术装备及应用水平考核标准。

　　⑦有固定工作场所，建筑面积符合标准。

　　（2）承担的任务及其业务范围（表1-2）

图1-6　建筑装饰工程设计资质等级证书

2. 建筑装饰工程施工企业资质等级及其业务范围

（1）建筑装饰工程施工企业资质等级。建筑装饰工程施工企业资质等级标准是核定建筑装饰施工单位施工资质等级的依据。其等级标准分为一、二、三级（图1-7）。其分级标准的主要依据如下：

①企业多年来承担过的规定造价的单位工程数量，且工程质量合格。

②企业经理从事工程管理工作经历或具有的职称；总工程师从事建筑装饰施工技术管理工作经历并具有相关专业职称；总会计师或财务负责人具有会计职称；企业其他工程技术和经济管理人员数，且结构合理。企业一定资质以上的项目经理数。

③企业注册资本金和企业净资产。

④企业近3年的最高年工程结算收入。

（2）承担的任务及其业务范围。企业的资质等级决定了其从事工程项目的范围。相应的也决定了它有多大的业务能力范围。等级越高，其工作的外环境就越广，生产空间就越大，一般来说其效益就相对较高（表1-3）。

二、建筑装饰产品及其施工的特点

1. 建筑装饰产品的特点

建筑装饰产品是附着在建筑物上的产品，除了具有各不相同的性质、设计、类型、规格、档次、使用要求外，还具有以下共同特点：

（1）固定性。首先，装饰产品一经建造在建筑物上，则无法进行转移；其次，一般大型建筑项目

表1-2　建筑装饰企业承担的性质与业务范围

单位性质	业务范围
甲级建筑装饰设计单位	承担建筑装饰设计项目的范围不受限制
乙级建筑装饰设计单位	承担民用建筑工程设计等级二级及三级以下的民用建筑工程装饰设计项目
丙级建筑装饰设计单位	承担民用建筑工程设计等级三级及三级以下的民用建筑工程装饰设计项目

表1-3　建筑装饰企业等级与业务范围

企业等级	业务范围
一级企业	可承担各类建筑的室内、室外装饰工程（建筑幕墙工程除外）施工
二级企业	可承担单位工程造价1200万元及以下建筑的室内、室外（建筑幕墙工程除外）装饰工程的施工
三级企业	可承担单位工程造价60万元及以下建筑室内、室外（建筑幕墙工程除外）装饰工程的施工

—— 🄡 补充要点 ——

施工质量规范

在整个施工过程中，需要符合要求和规范，而且在施工时，需要有相关的职业资格证证书。只有具备以上条件后，才能在施工时具有一定的针对性。如墙面施工时，需要进行一定的处理，包括材料的使用，都需要按照国家要求的标准来完成。整个装饰工程中，需要有专业的技术人员参与，如此才能达到良好的施工效果。

图1-7　建筑装饰工程施工资质等级证书

的装饰产品大多是厂家定制，产品型号只能运用到这一项目当中，不能二次销售，这便是产品的固定性。例如，墙地面装饰产品一旦铺贴到墙面或地面，装饰之后就无法轻易移动，只能拆除后重新选择其他的装饰物品（图1-8、图1-9）。

（2）多样性。根据不同的建筑风格、建筑结构和装饰设计，每项工程都有不同规模，结构、造型和装饰，所选择的装饰产品种类繁多，多种多样，装饰的效果也各有不同，从而使得装饰产品具有多样性的特点。建筑外墙装饰产品类型多样，建筑装饰产品的使用性质都是为了装饰外墙，打造良好的外墙装饰效果，同时也遮住了外墙原本的水泥钢筋

主体构造（图1-10、图1-11）。

（3）时间性。装饰产品要考虑耐久性，但相对主体结构而言寿命较短，而且装饰风格也会随着时间的变化而更新。

（4）双重性。装饰产品不仅要做到改善和美化建筑物室内外空间环境，还要对主体结构起到保护作用，将美观性与实用性相结合。

2. 建筑装饰施工的特点（表1-4）

（1）施工性。建筑装饰工程是建筑工程的有机组成部分，装饰施工是建筑施工的延续与深化，而非单纯的艺术创作。任何装饰施工的工艺操作，均

图1-8　墙面装饰

图1-8：墙面装饰材料一旦被铺贴到建筑主体上，则无法进行移动，只能将其铲除。

图1-9　地面装饰

图1-9：地面装饰材料与墙面装饰材料相似，一般装饰后无法再移动。

图1-10　外墙装饰板

图1-10：外墙装饰板具有良好的装饰效果，色彩亮丽，且具有防水防晒等性能。

图1-11　外墙装饰挂板

图1-11：外墙装饰挂板通过压花、烤漆工艺，可做成大理石、瓷砖、马赛克、木纹等多种艺术外观。

不可只顾及主观上的装饰艺术表现，漠视对建筑主体结构的维护与保养。必须以保护建筑结构主体及安全适用为基本原则，进而通过装饰造型、装饰饰面及设计装配等工艺操作达到既定目标。

（2）规范性。建筑装饰工程是一项工程建设项目，一种必须依靠合格的材料与构配件等通过规范的构造做法，并由建筑主体结构予以稳固支撑的建设工程。一切工艺操作及工序处理，均应遵循国家颁发的有关施工和验收规范，工程质量的检查验收应贯穿装饰施工过程的始终。

（3）专业性。建筑装饰施工是一项十分复杂的生产活动，具有工程量大、施工工期长、耗用劳动量多和占建筑物总造价高等特点。随着材料的发展和技术的进步，工程构件的预制化程度的提高，装饰项目和配套设施的专业化生产与施工，使装饰施工专业性越来越强。

（4）技术经济性。建筑装饰工程的使用功能及其艺术性的体现与发挥，尤其是工程造价，在很大程度上均受到装饰材料及现代声、光、电及控制系统等设备的制约。工程的费用中，结构、安装、装饰的比例一般为3∶3∶4，而国家重点工程、高级宾馆及涉外或外资工程等高级建筑装饰工程费用要占总投资的一半以上。

（5）相关性。表现在建筑装饰施工与组织的相关性上，建筑装饰施工一般是在有限的空间进行，其作业场地狭小，施工工期紧。特别是对于新建工程项目，为了尽快投入使用，发挥投资效益，一般都需要抢工期。而对于扩建、改建工程，常常是边使用边施工。建筑装饰工程工序繁多，施工操作人员的工种复杂，工序之间需要平行、交叉作业，材料、机具频繁搬运等造成施工现场拥挤滞塞的局面，这样就增加了施工组织的难度。

表1-4 建筑装饰施工特征一览表

性能特点	内容
施工性	以保护建筑结构主体及安全适用为基本原则，进而通过装饰造型、装饰饰面及设计装配等工艺操作达到既定目标
规范性	一切工艺操作及工序处理，均应遵循国家颁发的有关施工和验收规范
专业性	工程构件的预制化程度的提高，装饰项目和配套设施的专业化生产与施工，使装饰施工专业性越来越强
技术经济性	很大程度上均受到装饰材料及现代声、光、电及控制系统等设备的制约
相关性	建筑装饰施工一般是在有限的空间进行，其作业场地狭小，施工工期紧，建筑施工受到各方面因素的制约

📘 补充要点

施工现场要有条不紊

要做到施工现场有条不紊，工序之间衔接紧凑，保证施工质量提高工效，就必须以施工组织设计作为指导性文件和切实可行的科学管理方案，对材料的进场顺序、堆放位置、施工顺序、施工操作方式、工艺检验、质量标准等进行严格控制，随时指挥调度，使建筑装饰工程施工严密、有组织、按计划顺利进行。

第四节　建筑装饰工程施工组织设计的原则

在组织建筑装饰工程施工或编制施工组织设计时，应根据装饰工程施工的特点和以往积累的经验，遵循以下十项原则（图1–12）。

一、认真贯彻和执行党和国家的方针、政策

在编制建筑装饰工程施工组织设计时，应充分考虑党和国家有关的方针政策，严格审批制度；严格按基本建设程序办事；严格执行建筑装饰工程施工程序；严格执行国家制定的规范、规程。尤其在施工过程中，不可偷工减料，违背相关建筑法规，避免造成安全事故。

二、严格遵守合同规定的工程开工、竣工时间

对总工期较长的大型装饰工程，应根据生产或使用要求，安排分期分批进行建设投产或交付使用，以便早日发挥经济效应。在确定分期分批施工的项目时，必须注意每期交工的项目可以独立发挥效用，即主要施工项目同有关的辅助施工项目应同时完工，可以立即交付使用。如大型酒店一楼为购物中心，在进行装饰施工时，应在保证施工质量的前提下尽早完工，让购物中心能够发挥出最大经济效益，为酒店带来营收。

三、合理安排施工程序和施工顺序

装饰工程施工的程序和顺序，反映了其施工的客观规律要求，交叉搭接则体现时间的主观努力。在组织施工时，必须合理安排装饰工程施工的程序和顺序，避免不必要的重复、返工，加快施工速度，缩短工期。

四、采用国内外先进施工技术

在选择施工方案时，要利用技术的先进适用性和经济合理性相结合的手段，同时注意结合工程特点和现场条件，积极使用新材料、新工艺、新技术，防止单纯追求技术的先进性而忽视效率的做法；符合施工验收规范、操作规程的要求和遵守有关防火、保安及环卫等规定，确保工程质量和施工安全。

五、科学安排施工进度计划

在编制施工进度计划时，从实际出发，采用网

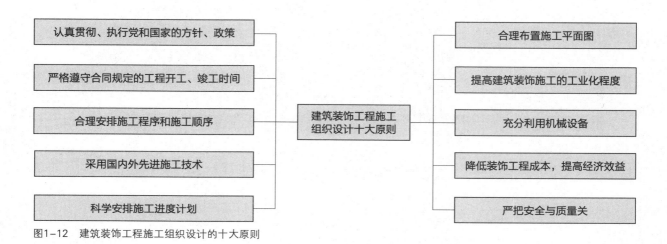

图1–12　建筑装饰工程施工组织设计的十大原则

络计划技术和流水施工方法安排进度计划，以保证施工连续、均衡、有节奏地进行，合理地使用人力、物力、财力，做好人力、物力的综合平衡，做到多、快、好、省，安全地完成施工任务。对于那些必须进入冬、雨期施工的项目，应落实季节性施工的措施，以增加施工的天数，提高施工的连续性和均衡性。

六、合理布置施工平面图

对于新建工程，应尽量利用土建工程的原有设施（脚手架、水电管线等），以减少各种临时设施；尽量利用当地资源，合理安排运输、装卸与存放，减少物资的运输量，避免二次运输；精心进行场地规划，节约施工用地，防止施工事故。

七、提高建筑装饰施工的工业化程度

应根据地区条件和作业性质充分利用现有的机械设备，以发挥其最高的机械效率。通过技术经济比较，恰当地选择预制施工或现场施工，努力提高建筑装饰施工的工业化程度。

八、充分利用机械设备

在现代化的装饰工程施工中，采用先进的装饰施工机具，是加快施工进度、提高施工质量的重要途径。同时，对施工机具的选择，除了注意机具的先进性外，还应注意选择与之相配套的辅件。

九、降低装饰工程成本提高经济效益

应因地制宜，就地取材，制定节约能源和材料的措施，充分利用已有的设施、设备，合理安排人力、物力，做好综合平衡调度，通过降低装饰工程成本来提高经济效益。

十、严把安全与质量关

施工过程中应严格制定保证质量的措施，严格按照施工验收规范、操作规程和质量检验评定标准，从各个方面制定保证质量的措施，预防和控制影响工程质量的各种因素。建立健全各项安全管理制度，制定确保安全施工的措施，并在施工中经常进行检查和监督。

Ⓢ **本章小结**

建筑装饰工程施工是为了保护建筑物的主体结构，完善建筑物的使用功能，美化建筑物。在本章中，通过对建筑装饰工程施工组织设计的理解，为接下来建筑装饰工程施工设计的施工与管理打下基础，更好地理解施工与管理。

Ⓟ **课后练习**

1. 什么是建筑装饰工程施工组织？基本建设程序可分为哪几步？
2. 建筑装饰工程施工的准备工作有哪些？
3. 建筑装饰企业一般划分为几级？请说明各级别装饰企业能承接的业务范围与业务资金。
4. 建筑装饰施工的特点决定了施工中的哪些问题？
5. 请根据建筑装饰工程施工组织设计的原则，分析在建筑施工中的错误做法。

★ **思政训练**

1. 考察当地市政建筑装饰工程，阅读工程宣传牌上信息，整理说明建筑装饰工程施工方案。
2. 网络考察国有知名建筑装饰企业，了解这些企业的等级与规模，查阅这些企业承建的主要市政工程项目。

第二章
建筑装饰工程流水施工

PPT 课件
（扫码下载）

» **学习难度：** ★ ★ ☆ ☆ ☆

» **重点概念：** 组织方式、参数、步骤、分类、横道图、网络图

» **章节导读：** 流水施工为工程项目组织实施的一种管理形式，就是由固定组织的工人在若干个工作性质相同的施工环境中依次连续地工作的一种施工组织方法。在工程施工中，可以采用依次施工、平行施工和流水施工等组织方式。对于相同的施工对象，当采用不同的作业组织方法时，其效果也各不相同。

第一节 流水施工的基本概念

在工程建设中，流水作业是组织施工时广泛运用的一种科学有效的方法。流水作业能使工程连续、均衡施工，使工地的各种业务组织安排比较合理，可以为文明施工创造条件。流水施工的概念来源于"流水作业"，是流水作业原理在建筑装饰工程施工组织设计中的具体应用。同时，可以起到降低工程成本和提高经济效益的作用，是施工组织设计中劳动力调配、编制施工进度计划、提高建筑施工组织与管理水平的理论基础。

一、流水施工的概念

流水施工是将建筑物划分为多个装饰施工段，组成若干个班组或工序，按照一定的装饰施工顺序与时间间隔，依次从一个施工段转移到另一个施工段，使同一施工过程的施工班组保持连续、均衡地进行，不同的装饰施工过程尽可能平行搭接施工。流水施工是将拟建工程按其工程特点和结构部位划分为若干个施工段，根据规定的施工顺序，组织各施工队（组），依次连续地在各施工段上完成自己的工序，使施工有节奏进行的施工方法。

1. 流水施工的特点

流水施工由于在工艺划分、时间安排和空间布置上进行了统筹安排，体现出了较好的技术经济效果。主要表现在以下几个方面：

（1）流水施工中，各个施工过程均采用专业班组操作，实现专业化生产，可提高工人的熟练程度和操作技能，从而提高工人的劳动生产率。同时，工程质量也易于保证和提高。

（2）流水施工能使各专业施工班组连续施工，避免出现窝工现象，有利于提高技术经济效益。

（3）流水施工能合理、充分地利用工作面，避免工作面的闲置，有利于加快施工进度，缩短工程工期。

（4）流水施工能使劳动力和其他资源的使用比较均衡，从而避免出现劳动力和资源使用的大起大落现象，减轻施工组织者的压力，为资源的调配、供应和运输带来方便，有利于提高施工管理水平。

2. 组织流水施工的要点

（1）划分施工过程。将拟建建筑物装饰工程根据工程特点和工艺要求，划分成若干个施工过程。

（2）划分施工段。根据组织流水施工的需要，将工程对象在平面上或空间上，尽可能地划分成劳动量或工作量大致相等（误差一般控制在15%以内）的施工段（区）。

（3）每个施工过程组织专业班组进行施工。在一个流水组中，每个施工过程尽可能组织独立的专业班组，各专业班组按一定的施工工艺，配备必要的机具，依次、连续地由一个施工段（区）转移到另一个施工段（区），反复完成同类工作。

（4）主要施工过程必须连续、均衡地施工。对工程量较大、施工时间较长的主要施工过程，应尽可能使各专业班组连续施工。对其他次要工程，可考虑与相邻的施工过程合并，如果不能合并，可使用间断施工。

（5）不同的施工过程尽可能组织平行搭接施工。相邻的施工过程，在工作面允许的条件下，除必要的工艺间歇和组织间歇时间外，应尽可能组织平行搭接施工。

二、组织施工的方式

任何建筑装饰工程的施工，都可以分解成多个施工过程，每个施工过程通常又由一个或多个专业班组负责施工。根据工程项目的施工特点、工艺流程、资源利用、平面或空间布置等要求，常用的组织施工的方式可分为依次施工、平行施工和流水施工（图2-1）。

1. 依次施工

依次施工是将拟建工程项目的整个装饰过程分解成若干个施工过程，按照一定的施工顺序，前一个施工过程完成后，后一个施工过程才开始施工；或前一个施工段的所有施工过程都完成后，后一个施工段才开始施工。它是一种最基本、最原始的施工组织方式。

××小区别墅建筑装饰，每层为一个施工段，整个建筑共有三层。每层装饰分为砌隔墙、墙体抹灰、安塑钢门窗、喷刷涂料四个施工过程，各施工过程在每层上所需时间为1天、2天、4天、5天。砌隔墙施工班组的人数为4人，墙体抹灰施工班组的人数为3人，安塑钢门窗施工班组的人数为1人，喷刷涂料施工班组的人数为2人，现按依次施工组织方式进行施工。

（1）按施工段依次施工。按施工段依次施工是指同一施工段内，所有的施工流程施工完毕后，才能进行下一个施工段，以此类推，每一项施工项目完成了才能进入下一个施工项目。表2-1进度表下的曲线是劳动力消耗动态图，纵坐标为每天施工人数，横坐标为施工进度。

（2）按施工过程依次施工。按施工过程依次施工是指完成某施工过程所有施工段的施工后，再开始下一施工过程施工的组织方式，其进度安排如表2-2所示。

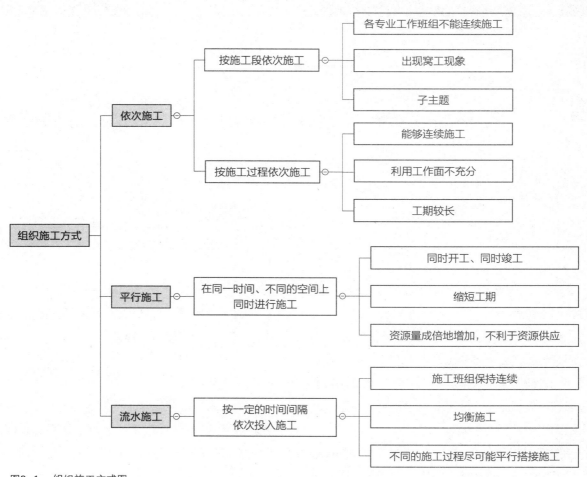

图2-1　组织施工方式图

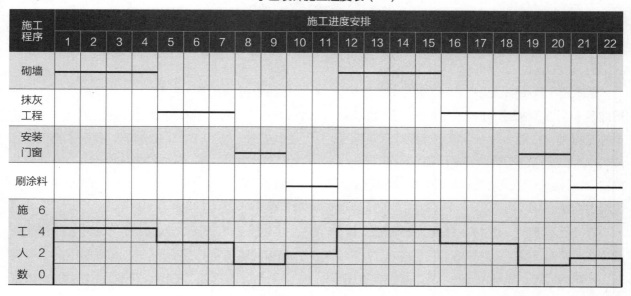

表2-1　　　　　　　　　　　××小区装饰施工进度表（一）

表2-2　　　　　　　　　　　××小区装饰施工进度表（二）

从表2-1、表2-2中可以得出依次施工组织方式具有以下特点：

①按施工段依次施工中，各个施工程序之间不能连续施工，否则容易出现窝工现象，导致施工现场混乱；按施工过程依次施工，各专业工作队虽然可以实现连续施工，但不能充分利用工作面，且施工工期较长，不利于施工。

②按施工过程依次施工中，单位时间内的劳动力投入少，资源供应单一，优点是方便管理与组织现场及施工人员。

③适用范围。依次施工的方法适用于工程规模较小或工作面有限的工程。

2. 平行施工

平行施工，是将拟建工程项目的整个装饰过程分解成若干个施工过程，每一施工过程可以组织几个工作班组，在同一时间、不同的空间上同时进行施工。

如果采用平行施工组织方式，即三层房屋装饰工程的各层同时开工、同时竣工，其施工进度计划和劳动力消耗动态曲线如表2-3所示。

从表2-3中可以得出平行施工组织方式具有以下特点：

（1）优点。平行施工能充分利用工作面进行施工，相比依次施工，可以有效缩短工期。

（2）缺点。平行施工在单位时间内投入的劳动力、施工机具、材料等资源量成倍地增加，资源供应紧张，在供应不足的情况下，容易造成施工组织和管理的困难。

（3）适用范围。适用于工程工期紧、工作面允许以及资源供应充足的工程。

3. 流水施工

流水施工，是指各施工过程按一定的时间间隔依次投入施工，各个施工过程陆续开工、陆续竣工，使同一施工过程的施工班组保持连续、均衡施工，不同的施工过程尽可能平行搭接施工的组织方式。

在表2-4中，如果采用流水施工的组织方式，下一施工过程既不是等上一施工过程在各层的施工全部结束后再开始，也不是各层装饰工程同时开工、同时竣工，而是前后施工过程尽可能平行搭接施工，其施工进度计划如表2-4所示。

从表2-4中可以看出，流水施工集合了依次施工与平行施工的优点，同时克服了二者的缺点，施工所需的总时间比依次施工短，各个施工环节能够连续、均衡地进行施工，前后施工环节联系紧密，充分利用了工作面。因此，流水施工方法被广泛应用于建筑装饰工程的施工组织中。

表2-3　　　　　　　　　　　　　　××小区装饰施工进度表（三）

施工程序	施工进度安排										
	1	2	3	4	5	6	7	8	9	10	11
砌墙	▰	▰	▰	▰							
抹灰工程					▰	▰	▰				
安装门窗								▰	▰		
刷涂料										▰	▰

表2-4　　　　　　　　　　　××小区装饰施工进度表（四）

施工程序	施工进度安排																	
	1	2	3	4	5	6	7	8	9	10	11	12	13	14	15	16	17	18
砌墙																		
抹灰工程																		
安装门窗																		
刷涂料																		

施工人数：14 12 10 8 6 4 2 0

第二节　流水施工的主要参数

流水施工参数，在组织拟建工程项目流水施工时，用以表达流水施工在工艺流程、空间布置和时间安排等方面开展状态的参数，简称为流水参数。流水施工参数主要包括工艺参数、空间参数和时间参数三大类（图2-2）。

一、工艺参数

工艺参数是指用以表达流水施工在施工工艺上开展顺序（表示施工过程数）及其特征的参数。通常情况下，工艺参数包括施工过程数和流水强度两种。

在组织流水施工时，工艺参数用来表达流水施工在施工工艺上的开展顺序与特征的参数。在工艺参数中，施工过程数用"n"表示，流水强度用"V"表示。

1. 施工过程数

在组织建筑装饰工程流水施工时，首先应将施工对象划分为若干个施工过程。施工过程划分的多少和粗细程度一般与下列因素有关。

（1）施工计划的功能。对一些施工规模大、工期长的工程的进度计划，在施工过程中可以粗略划分，不必过于细致化，对于规模不大、工期短的中小型施工工程的施工进度划分可以具体、细化，可划分到单个项目，或者实行月度计划，每月对施工

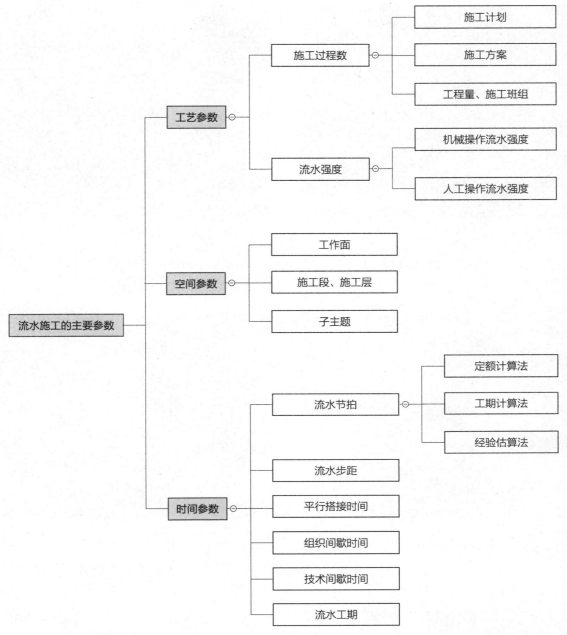

图2-2　流水施工参数图

工程的进度、完成率、合格率进行检查。例如，将施工过程划分为墙面施工、地面施工、顶棚施工、门窗安装等（图2-3～图2-6）。

（2）建筑的结构类型与施工方案。一方面，对于一些相同的施工工艺，可以根据施工方案的要求，将其合并为一个手工过程，可以有效节省施工时间，加快施工进度；另一方面，也可以根据施工流程的先后顺序，将其分为两个施工工程。例如，在制作家具与木质构造时，制造主体与进行油漆涂刷可以作为一个施工过程（图2-7），如果施工方案中有明确说明，也可以作为两个施工过程。

（3）工程量的大小与施工班组。施工过程的划

图2-3 墙面施工

图2-3：在建筑装饰施工中，墙面施工要注意墙面的平整度与光滑性，特别需要注意的是要防止墙面乳胶漆开裂等现象。

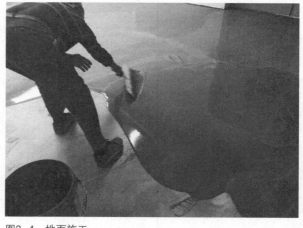

图2-4 地面施工

图2-4：地面铺设方式众多，无论是铺设地砖还是自流平，都需要对地面进行清扫与平整，才能达到良好的验收效果。

图2-5 顶棚施工

图2-5：顶棚施工可以与墙面施工同时进行，也可以分项进行。

图2-6 门窗安装

图2-6：安装门窗要注意防磕碰，一般水电气工程完工后，家具安装才开始进场，所以要对墙面、地面进行保护设计，减少二次维修。

图2-7 家具与木质构造刷漆

图2-7：家具刷漆与家具制作可以根据业主的需要来进行，确定好家具构造与花纹后，可以先开始主体构造制作，后期再进行家具饰面。

分与施工班组及施工习惯有一定的关系。例如，安装玻璃、窗户、门的施工，可以将它们合并为一个施工过程，即安装门窗的过程，可以将其合并为一个班组，也可以将它们分为两个独立的施工过程，即安装门具施工过程和安装窗户施工过程，这时它们的施工班组为单一工种的施工班组。

施工过程的划分还与工程量的大小有关。对于工程量小的施工过程，当组织流水施工有困难时，可以与其他施工过程相合并。例如，地面工程（图2-8），如果垫层的工程量较小，可以与面层相结合，合并为一个施工过程，这样就可以使各个施工

图2-8 地面铺砖

图2-8：地面垫层可以与地面铺装工程相结合，一楼地面需要做防潮处理，做完防潮后可以直接在上面进行铺砖工艺，可以将其划分为一个施工班组。

图2-9 定制家具制作

图2-9：定制家具的制作工序全部在家具厂完成制造，无须占用施工现场的场地，因此，这一施工过程可不计入流水施工范畴。

过程的工程量大致相等，便于组织流水施工。

（4）工作内容和范围。施工过程的划分与其工作内容和范围有关。如能直接在施工现场完成的工序可以直接在现场进行操作，划入流水施工过程中。而在施工现场之外的施工内容（如零配件的加工）可以不划入流水施工过程。例如，定制家具不需要在施工现场制作，工厂制作后可以直接在现场安装。因此，在流水施工计划内，只需要计划出安装时间即可（图2-9、图2-10）。

（5）装饰施工过程分类（表2-5）。

图2-10 定制家具安装

图2-10：家具安装需要一定时间，且在安装过程中，其他工种无法施工作业，因此，需要在流水施工中预留安装时间。

表2-5　　　　　　装饰施工过程分类

名称	内容
制备类施工过程	制造装饰成品、半成品而进行的制备类施工过程
运输类施工过程	即把材料和制品运至工地仓库或转运至装饰施工现场的运输类施工过程
装饰安装类施工过程	即在施工过程中占主要地位的装饰安装施工类施工过程

如果流水施工的每一施工过程都由一个专业施工班组施工，则施工过程数与专业施工班组数相等，否则，两者不相等。对装饰施工工期影响最大的或对整个流水施工起决定性作用的装饰施工过程

称为主导施工过程。在划分施工过程之后，应先找出主导施工过程，以便抓住流水施工的关键环节。

2. 流水强度

流水强度是指流水施工的某一装饰施工过程（专业施工班组）在单位时间内所完成的工程量，也称为流水能力或生产能力。

（1）机械操作流水强度。

$$V_i = \sum_{i=1}^{x} R_i S_i$$

式中：V_i——某施工过程的流水强度；

　　　R_i——投入施工过程i的某施工机械的台数；

　　　S_i——投入施工过程i的某施工机械的台班产量定额；

　　　x——投入施工过程i的某施工机械的种类。

（2）人工操作流水强度。即：

$$V_i = R_i S_i$$

式中：R_i——投入施工过程i的工作队人数；

　　　S_i——投入施工过程i的工作队的平均产量定额；

　　　V_i——投入施工过程i的人工操作流水强度。

二、空间参数

空间参数是指在组织流水施工时，用以表达流水施工在空间布置上开展状态的参数。通常包括工作面、施工段和施工层。

1. 工作面

工作面是表明施工对象上可能安置多少工人操作或布置施工机械场所的大小。工作面反映了施工过程在空间上布置的可能性。每个作业工人或每台施工机械所需工作面的大小，取决于单位时间内其完成的工程量和安全施工的要求。工作面确定的合理与否，直接影响专业工作队的生产效率，因此必须合理确定工作面。

对于某些装饰工程，在施工一开始就已经在整个长度或宽度上形成了工作面，这种工作面称为"完整的工作面"（如外墙饰面工程）；对于有些工程的工作面是随着施工过程的进展逐步（逐层、逐段）形成的，这样的工作面称为"部分的工作面"（如内墙粉刷等）。但是，不论在哪一个工作面上，通常前一施工过程的结束，就为后面的施工过程提供了工作面。

在确定一个施工过程必要的工作面时，不但要考虑前一施工过程为这一施工过程可能提供的工作面的大小，还必须要遵守施工规范和安全技术的有关规定（表2-6）。

2. 施工段和施工层

在组织流水施工时，通常情况下，将施工对象划分为与劳动量相等或大致相等的若干施工区段数。这种被划分的施工区段称为流水段或施工段，用"m"表示。把建筑物垂直方向划分的施工区段称为施工层，用"r"表示。每一个施工段在某一段时间内，只能供一个施工项目工程来使用。

划分施工段的主要目的是组织流水施工，让不同的施工班组能在不同的施工段上同时施工，能按照相应的时间间隔从一个施工段过渡到另一个施工段中，不影响连续施工。这样的做法能消除等待时间、工程项目停歇现象，各个施工班组之间又互不干扰，同时也缩短了工期。

表2-6　　　　　　　　　　　　　　　常见工种所需工作面参考数据

工作项目	每人所需工作面	工作项目	每人所需工作面
砌240砖墙	9米/人	安装门窗	8米²/人
砌120砖墙	11.5米/人	安装门窗玻璃	16米²/人
砌240空砖墙	8米/人	安装轻钢龙骨吊顶	22米²/人
外墙抹水泥砂浆	16米²/人	安装轻钢龙骨石膏板隔墙	26米²/人
外墙水刷石面层	12米²/人	铺贴楼地面石材	14米²/人
外墙干粘石面层	14米²/人	铺贴内外墙面砖	8米²/人
内墙抹灰	19米²/人	墙面涂刷乳胶漆	40米²/人

划分施工段应满足以下几项基本要求：

（1）施工段的数目要适宜。如果划分过多，则会增加施工持续总时间，而且各个工作面不能充分利用，如果过少，会引起劳动力、机械、材料供应的过分集中，有时会造成供应不足的现象。

（2）施工段的分界与施工对象的结构界限（温度缝、沉降缝、单元分界线）一致，以保证施工质量。

（3）以主导施工过程为依据。划分施工段时，应以主导施工过程的需要来划分，只有这样才能合理利用施工段，使各个工作面得到充分利用。

（4）各施工段上所消耗的劳动量相等或大致相等（相差宜在15%之内），以保证各施工班组施工的连续性和均衡性。

（5）当组织流水施工对象有层间关系时，应使各队能够连续施工。如各施工过程的工作队做完第一段能立即转入第二段，即建筑第一层的最后一段能够与第二层的第一段相连接，因而每层最小施工段数目应大于或等于施工过程数，即$m \geq n$。

施工段数目与施工过程数之间具有以下几种关系：

①当$m > n$时，工程班组能够连续施工，即使中间有停歇的工作面，可以利用这一时间进行设备维护、保养、备料等准备工作。

②当$m < n$时，工作队不能连续施工，会出现窝工，这对一个建筑物的装饰施工组织流水施工是不适宜的。

③当$m = n$时，工作队连续施工，施工段上始终有施工班组，工作面能充分利用，无停歇现象，也不会产生工人窝工现象，比较理想。

④对于$m \geq n$这一要求，并不适用于所有流水施工的情况，在有的情况下，当$m < n$时，也可以组织流水施工。施工段的划分是否符合实际要求，主要还是看在该施工段划分的情况下主导施工过程是否能够保证连续均衡地施工。如果主导施工过程能连续均衡地施工，则施工段的划分可行；否则，应更改施工段划分情况。

例如：一栋2层别墅的装饰施工工程，施工项目分别为墙面抹灰、铺装地面，在这一施工过程中，拟建两个施工班组。在工作面足够，人员不变的情况下，当施工段数目$m = 1$（$m < n$）时的具体情况，如表2-7所示。

方案一：$m = 1$（$m < n$）

从表2-7可以看出，建筑装饰先从二层开始施工，可以有效避免二楼施工污染到一楼。因为地面铺装有一定的不能踩踏时间，先将二楼施工完毕可以接着施工一楼，在施工时间上十分连贯。而在该工期中，不可避免地出现了窝工现象，方案虽然可执行，但施工效率不高。

方案二：当$m = 2$（$m = n$）

从表2-8可以看出，每一楼层分为两个施工段，且施工段与施工过程数相等，当二层的墙面抹

表2-7　　　　　　　　　　　　　施工段数目与施工过程数（$m < n$）

施工层	施工过程	施工进度															
		1	2	3	4	5	6	7	8	9	10	11	12	13	14	15	16
建筑二层	墙面抹灰																
	铺装地面																
建筑一层	墙面抹灰																
	铺装地面																

表2-8　　　　　　　　　　　　　施工段数目与施工过程数（*m=n*）

施工层	施工过程	施工进度									
		1	2	3	4	5	6	7	8	9	10
建筑二层	墙面抹灰	①		②							
	铺装地面			①		②					
建筑一层	墙面抹灰					①		②			
	铺装地面							①		②	

灰完毕后，开始铺装地面时，一层就可以开始墙面抹灰施工。在满足工艺技术要求的前提下，保证了每个施工班组连续工作，工作面不出现闲置的情况，还大大缩短了工期，该方案优于第一方案。

方案三：当*m*=4（*m*≥*n*）

从表2-9可以看出，当施工段大于或等于施工过程数时，每层分为4个施工段，使得施工段目数大于施工过程数。在二层墙面抹灰后，进行铺装地面，随后虽然在第3天时一层一段的工作面已经具备，但因墙面抹灰的施工队还在二层施工，只能把一层一段墙面抹灰的工作推迟到第5天开始，之后再进行该段铺装地面。该方案在满足工艺技术要求的情况下，保证了每个专业工作队连续工作，但使工作面出现了闲置，在层间的时候每个施工段的工作面都闲置了两天。这种工作面的闲置一般不会造成费用的增加，而且在某些施工过程中还会起到满足工艺要求和施工组织需要的作用。

综上所述，在多层建筑流水施工中，为缩短工期，为保证各专业工作队尽可能连续施工，不出现窝工现象，应使施工段数大于或等于施工过程数，即*m*≥*n*。但应注意，"*m*"的数值不能过大，否则会造成人员、机具、材料过于集中，影响效率和效益，易发生事故。

表2-9　　　　　　　　　　　　　施工段数目与施工过程数（*m*≥*n*）

施工层	施工过程	施工进度								
		1	2	3	4	5	6	7	8	9
建筑二层	墙面抹灰	①	②	③	④					
	铺装地面		①	②	③	④				
建筑一层	墙面抹灰					①	②	③	④	
	铺装地面						①	②	③	④

三、时间参数

时间参数是流水施工中反映各施工过程相继投入施工的时间数量指标。一般有流水节拍、流水步距、平行搭接时间、技术间歇时间、组织间歇时间和流水工期等。

1. 流水节拍

流水节拍是流水施工的基本参数之一，是指在组织流水施工时，从事某一装饰施工过程的专业施工班组在各个施工段上完成相应的施工任务所需要的工作持续时间，通常用"t"来表示。它与投入到该施工过程的劳动力、机械设备和材料供应的集中程度有关。流水节拍决定着装饰施工速度和装饰施工的节奏性和资源消耗量的多少。

在项目施工时，所采取的施工方案应包含：投入的劳动力人数或施工机械台数、工作班次，以及该施工段工程量等数据。为避免工作队转移时浪费工时，流水节拍在数值上最好是半个班的整倍数。其数值的确定，可按以下方法进行。

（1）定额计算法。定额计算法是根据各施工段的工程量、能够投入的资源量（工人数、机械台数和材料量等），计算公式如下：

$$t = \frac{Q}{SRN} = \frac{QH}{RN} = \frac{P}{RN}$$

式中：t——流水节拍；

　　　Q——某施工段上的工程量；

　　　S——某专业工种或机械产量定额；

　　　R——某专业班组的人数或机械台数；

　　　N——某专业班组或机械的工作班次；

　　　H——某个人工或机械的时间定额；

　　　P——某装饰施工过程在某施工段上的劳动量。

（2）工期计算法。对某些施工任务在规定日期内必须完成的工程项目，往往采用工期计算法。具体步骤如下：

①根据工期倒排进度，确定某施工过程的工作持续时间。

②确定某施工过程在某施工段上的流水节拍。若同一施工过程的流水节拍不等，则用估算法；若流水节拍相等，计算公式如下：

$$t = \frac{T}{m}$$

式中：t——流水节拍；

　　　T——某施工过程的工作持续时间；

　　　m——某施工过程划分的施工段数。

（3）经验估算法。对于采用新结构、新工艺、新方法和新材料等没有定额可循的工程项目，则可以根据以往的施工经验估算流水节拍。计算公式如下：

$$t = \frac{a + 4c + b}{6}$$

式中：t——流水节拍；

　　　a——某施工过程在某一施工段上的最短估算时间；

　　　b——某施工过程在某一施工段上的最长估算时间；

　　　c——某施工过程在某一施工段上的最可能估算时间。

当施工段数确定之后，流水节拍的长短对总工期有一定的影响，流水节拍长，则相应的工期也长，因此流水节拍越短越好，但实际上由于工作面的限制，流水节拍也有一定的限制，流水节拍的确定应充分考虑劳动力、材料和施工机械供应的可能性，以及劳动组织和工作面使用的合理性。

2. 流水步距

流水步距是指流水施工过程中，相邻的两个专业班组，在保持其工艺先后顺序、满足连续施工要求和时间上最大搭接的条件下，相继投入流水施工的时间差，即时间间隔，用"K"表示。例如，木工工作队第一天进入第一个施工段工作，工作5天做完（流水节拍$t=5$天），第六天，油漆工作队进入第一个施工段工作，木工工作队与油漆工作队先后

R 补充要点

确定流水节拍的因素

1. 施工班组人数要适宜。施工班组人数既要满足最小劳动组合人数要求，又要满足最小工作面的要求。所谓最小劳动组合，是指某一施工过程进行正常施工所必需的最低限度的班组人数及其合理组合。如模板安装就要按技工和普工的最少人数及合理比例组成施工班组，人数过少或比例不当都将引起劳动生产率的下降。最小工作面是指施工班组为保证安全生产和有效地操作所必需的工作面。它决定了最高限度可安排多少工人。不能为了缩短工期而无限地增加人数，否则将造成工作面的不足而产生窝工。

2. 工作班制要恰当。工作班制要视工期要求而定。当工期不紧迫，工艺上又无连续施工要求时，可采用一班制；当组织流水施工是为了给第二天连续施工创造条件时，某些施工过程可考虑在夜班进行，即采用两班制；当工期较紧或工艺上要求连续施工，或为了提高施工机械的使用率时，某些项目可考虑三班制施工。

进入第一个施工段的时间间隔为5天，那么它们的流水步距$K=5$天。

流水步距的大小，反映着流水作业的紧凑程度，对工期起着很大的影响。在流水段不变的条件下，流水步距越大，工期越长；流水步距越小，则工期越短。

流水步距的数目取决于参加流水施工的施工过程数。如果施工过程为"n"个，则流水步距的总数为（$n-1$）个。

R 补充要点

确定流水步距的基本要求

1. 各施工过程按各自流水速度施工，始终保持工艺先后顺序。

2. 各施工班组投入施工后尽可能保持连续作业。

3. 相邻两个施工班组在满足连续施工的条件下，能最大限度地实现合理搭接。

根据以上基本要求，在不同的流水施工组形式中，可采用不同的方法确定流水步距。流水步距的基本计算公式为：

$$K_{i,i+1} = \begin{cases} t + t_j + t_d & （当 t_i \le t_{i+1} 时） \\ mt_i - (m-1)t_{i+1} + t_j - t_d & （当 t_i > t_{i+1} 时） \end{cases}$$

式中：$K_{i,\ i+1}$——相邻施工过程的流水步距；

　　　t_j——两个相邻施工过程间的技术间歇时间或组织间歇时间；

　　　t_d——两个相邻施工过程间的平行搭接时间。

对流水步距的计算通常也采用累加数列错位相减取大差法计算。由于这种方法是由潘特考夫斯基首先提出的，故又称为潘特考夫斯基法。这种方法简捷、准确，便于掌握。

累加数列错位相减取大差法的基本步骤如下：

（1）对每一个施工过程在各施工段上的流水节拍依次累加，求得各施工过程流水节拍的累加数列。

（2）将相邻施工过程流水节拍累加数列中的后者错后一位，相减后得到一个差数列。

（3）在差数列中取最大值，即为这两个相邻施工过程的流水步距。

3. 平行搭接时间

平行搭接时间是指在组织流水施工时，在工作面允许的情况下缩短工期，如果前一个施工班组完成部分施工任务后，后一个施工班组可以提前进入该施工段，即两个相邻的施工班组可同时在一个施工段上施工的时间。

4. 组织间歇时间

组织间歇时间是指在流水施工中，由于施工技术或施工组织等方面的原因，在流水步距之外增加的间歇时间。如墙体砌筑前的墙身位置弹线、回填土前的地下管道检查验收等（图2-11、图2-12）。

5. 技术间歇时间

在流水施工过程中，由于施工工艺的要求，某施工过程在某施工段上必须停歇的时间间隔称为技术间歇时间，如混凝土浇筑后的养护时间、砂浆抹面和油漆的干燥时间等（图2-13、图2-14）。

6. 流水工期

流水工期是指完成一项工程任务所需的时间。流水施工的主要参数说明了流水施工过程的工艺关系，反映了它们在时间和空间的开展情况。它们的相互关系可集中反映在施工工期的计算式中。某一个工程项目的流水施工工期等于各流水步距之和加上最后投入施工的施工班组的流水节拍之和。

图2-11　墙体弹线

图2-11：无论是安装家具还是铺贴墙面砖，都要先进行弹线处理，才能在施工的过程中有据可依，家具安装美观，墙砖铺装完整。

图2-12　厨房验收

图2-12：厨房、卫浴空间在收房时都处于下沉空间，由于进出水管的安装，在检查验收时，需要检查管道是否存在堵塞、破裂等问题。

图2-13　混凝土浇筑

图2-13：混凝土浇筑之后，要对其表面进行平整，待表面干固后，进行湿水养护，才不会出现较多的裂缝，这一工作就是混凝土浇筑的养护时间。

图2-14　砂浆抹面

图2-14：砂浆抹面是一项技术活，抹面第一遍完成后，需要干燥时间，然后进行第二次抹面操作，这一间歇时间是必不可少的技术间歇时间。

R 补充要点

流水施工的组织要点

1. 将拟建工程（如一个单位工程或分部分项工程）的全部施工活动，划分组合为若干施工过程，每一施工过程交给按专业分工组成的施工班组或混合施工班组来完成。施工班组的人数要考虑每个工人所需要的最小工作面和流水施工组织的需要。

2. 将拟建工程每层的平面上划分为若干施工段，每个施工段在同一时间内，只供一个施工班组开展作业。

3. 确定各施工班组在每段的作业时间，并使其连续均衡。

4. 按照各施工过程的先后排列顺序，确定相邻施工过程之间的流水步距，并使其在连续作业的条件下，最大限度地搭接起来，形成分部工程施工的专业流水组。

5. 搭接各分部工程的流水组，组成单位工程流水施工。

6. 绘制流水施工进度计划。

第三节　流水施工的表达方式

流水施工的表达方式主要有横道图和网络图（图2-15）。横道图是建筑装饰工程中常用的表达方式，具有绘制简单、直观清晰、形象易懂、使用方便等优点，横道图根据绘制方法可分为水平指示图表和垂直指示图表；网络图可分为横道式流水网络图、流水步距式流水网络图和搭接式流水网络图等形式。

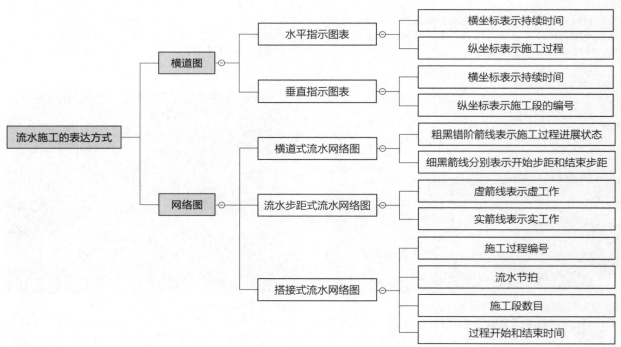

图2-15　流水施工表达方式图

一、横道图

1. 水平指示图表

水平指示图表的横坐标表示持续时间，纵坐标表示施工过程或专业工作队编号，带有编号的圆圈表示施工段的编号。它是利用时间坐标上横线条的长度和位置来反映工程中各施工过程的相互关系和施工进度的。在图的下方，还可以画出单位时间所需要的资源曲线，它是根据横道图中各施工过程的单位时间某资源的需要量叠加而成，用以表示某资源需要量在时间上的动态变化。水平指示图表的形式如表2-10所示。

以××装饰工程流水施工为例，在横道图表示法中，横坐标表示流水施工的持续时间；纵坐标表示施工过程的名称或编号，n 条带有编号的水平线段表示 n 个施工过程或专业工作队的施工进度安排，编号①、②……表示不同的施工段。

2. 垂直指示图表

在垂直指示图表中，横坐标代表施工持续时间，纵坐标代表施工段的编号，斜向指示线段的代号代表施工过程的步骤或专业工作队的编号。从垂直指示图表中可以得出：在一个施工段或施工对象中，可以看出某一施工过程的先后顺序和配合线路，用斜线能够更加直观、形象地反映出各个施工程序的进度，垂直指示图表的形式如表2-11所示。

综上所述，横道图具有绘图简单、表述清晰、看图直观等优势，在横道图中，可以清楚地将施工过程与施工顺序表达清楚，能够十分直观地看到施工进度安排，使用方便。因此，这种流水施工的表

表2-10　　　　　　　　　　流水施工表达方式

施工程序	施工进度安排														
	1	2	3	4	5	6	7	8	9	10	11	12	13	14	15
楼面施工	①			②			③								
地面施工				①			②			③					
顶面施工						①			②			③			
门窗安装										①		②		③	

表2-11　　　　　　　　　　流水施工表达方式

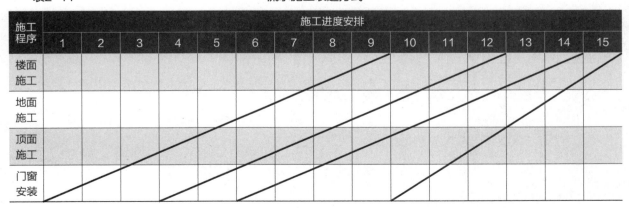

施工程序	施工进度安排														
	1	2	3	4	5	6	7	8	9	10	11	12	13	14	15
楼面施工															
地面施工															
顶面施工															
门窗安装															

示方式被广泛运用到施工进度计划中。

二、网络图

1. 横道式流水网络图

在横道式流水网络图中（图2-16），施工过程进展状态用粗黑错阶箭线来表示，在箭线上方标注有施工段编号、施工过程编号，在箭线下方标注有流水节拍；细黑箭线分别表示开始步距和结束步距；带有编号的圆圈表示事件或节点。

2. 搭接式流水网络图

在搭接式流水网络图中（图2-17），大方框表示完整的施工过程，其内标有施工过程编号（j）、流水节拍（t）、施工段数目（m）、过程开始（KS）和结束时间（JF）；方框上方的箭线代表相邻的两个施工过程从结束到结束的搭接时距，即结束步距；方框下方的实箭线代表相邻的两个施工过程从开始到开始的搭接时距，即流水步距。

3. 流水步距式流水网络图

在流水步距式流水网络图中（图2-18），实箭线表示实工作，上方标有施工段编号与施工过程，下方标有流水节拍；虚箭线表示虚工作，即工作之间的相互制约关系，其持续时间为零；流水步距也由实箭线表示，并在其下面标出流水步距的编号和数值。

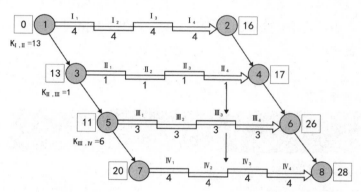

图2-16　横道式流水网络图

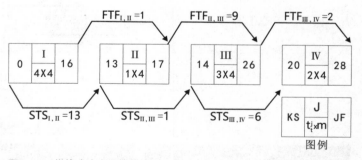

图2-17　搭接式流水网络图

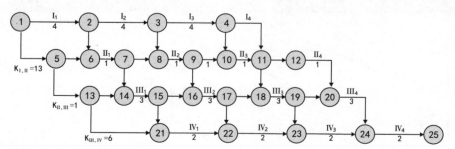

图2-18　流水步距式流水网络图

> **ⓡ 补充要点**
>
> **流水施工方式的选择和基本要求**
>
> 　　选择流水施工方式时，需要根据工程实际情况拟定。通常分为两步：第一步，将单位工程流水分解为分部工程流水；第二步，根据分部工程的各施工过程的劳动量的大小、班组人数选择流水施工方式。
>
> 　　若分部工程的施工过程数目不多（3~5个），可以通过调整班组人数使各施工过程流水节拍相等，组织等节奏流水；若分部工程的施工过程数目较多，各过程流水节拍很难相等，此时可考虑流水节拍的规律，从而组织成倍节拍或不等节拍或无节奏流水。
>
> 选择流水施工方式的基本要求有以下几点：
>
> 1. 凡有条件组织等节奏流水施工时，一定要组织等节奏流水施工，以取得良好的经济效果。
>
> 2. 如果组织等节奏流水条件不足，则应该考虑组织"成倍节拍流水施工"，以求取得与等节奏流水施工相同的效果。应注意的是，可相应增加施工班组数和施工段数，使各专业施工班组都有工作面。小型工程不可以组织成倍节拍流水施工。
>
> 3. 各个分部工程都可以组织等节奏或成倍节拍流水施工。但是，对于单位工程或建设项目，必须组织无节奏流水。
>
> 4. 标准化或类型相同的住宅小区，可以组织等节奏流水和异节奏流水，但对于工业群体工程只能组织分别流水。

第四节　流水施工的组织方式

　　建筑装饰工程的流水施工要求有一定的节拍，才能步调和谐，配合得当。由于建筑装饰工程的多样性，各分部分项工程量差异较大，要使所有的流水施工都组织成统一的流水节拍是很困难的，因此，在大多数情况下，各施工过程流水节拍不一定相等，有的甚至一个施工过程本身在各施工段上的流水节拍也不相等，这样就形成了不同节拍特征的流水施工。

　　流水施工根据不同的节拍特征可以分为有节奏流水施工和无节奏流水施工等（图2-19）。

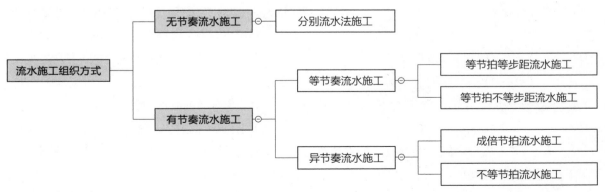

图2-19　流水施工组织方式

一、有节奏流水施工

1. 等节奏流水施工

等节奏流水施工也称全等节拍流水施工，是指各个施工过程的流水节拍均为常数的一种流水施工方式。即同一施工过程在各施工段上的流水节拍都相等，并且不同施工过程之间的流水节拍也相等的一种流水施工方式，这是最理想的流水施工组织方式。

等节奏流水施工组织方式能保证专业班组的工作连续、有节奏，可以实现均衡施工，能最理想地达到组织流水施工作业的目的。

等节奏流水施工根据相邻施工过程之间是否存在间歇时间或搭接时间，可分为等节拍等步距流水施工和等节拍不等步距流水施工两种。

（1）等节拍等步距流水施工。等节拍等步距流水是指同一施工过程流水节拍都相等，不同施工过程流水节拍也都相等，并且各过程之间不存在间歇时间（t_j）或搭接时间（t_d）的流水施工方式，即 $t_j=t_d=0$。该流水施工方式下各施工过程的节拍、施工过程之间的步距以及工期的特点为：

①节拍特征。在等节奏流水施工中"t"作为常数。

$$t = 常数$$

②步距特征。

$$\sum K_{i,i+1} = 节拍(t) = 常数$$

式中：$K_{i,i+1}$——表示第i个过程和第i+1个过程之间的流水步距。

③计算公式。

$$T = \sum K_{i,i+1} + T_n$$
$$\sum K_{i,i+1} = (n-1)t，且 T_n = mt$$
$$T = (n-1)t + mt = (m+n-1)t$$

式中：$K_{i,i+1}$——所有相邻过程之间的流水步距之和；

T_n——最后一个施工班组完成施工花费的时间；

m——施工段数；

n——施工过程数。

（2）等节拍不等步距流水施工。等节拍不等步距流水是指各施工过程的流水节拍全部相等，但是各过程之间的间歇时间（t_j）或搭接时间（t_d）不等于零，即流水步距不相等（$t_j \neq 0$ 或 $t_d \neq 0$）。该流水施工方式下各施工过程的节拍、施工过程之间步距以及工期的特点为：

①节拍特征。

$$t = 常数$$

②步距特征。

$$K_{i,i+1} = t + t_j - t_d$$

式中：Kt_j——第i个过程和第i+1个过程之间的技术或组织间歇时间；

t_d——第i个过程和第i+1个过程之间的搭接时间。

③工期计算公式。即：

$$T = \sum K_{i,i+1} + T_n$$
$$\sum K_{i,i+1} = (n-1)t + \sum t_j - \sum t_d，且 T = mt$$
$$T = (n-1)t + \sum t_j - \sum t_d + mt = (n+m-1)t + \sum t_j - \sum t_d$$

式中：$\sum t_j$——所有相邻过程之间间歇时间之和；

$\sum t_d$——所有相邻过程之间搭接时间之和。

综上所述，等节奏流水施工是一种较为理想的流水施工方式，能够保证工作面得到充分合理利用，还能保证各专业施工班组在建筑工程中连续均衡地施工。但是在实际工程中，要使某分部工程的各个施工过程都采用相同的流水节拍，组织时困难较大。因此，全等节拍流水的组织方式仅适用于工程规模较小、施工过程数目不多的某些分部工程的流水施工。例如，小型的办公空间、住宅空间的流水施工作业。

（3）全等节拍流水的组织方法。

①划分施工过程。将工程量较小的施工过程合并到前后相邻的施工过程中，目的是使各过程的流水节拍相等。

②根据主要施工过程的工程量以及工程进度

要求，确定该施工过程的施工班组的人数，从而确定流水节拍。

③根据已确定的流水节拍，确定其他施工过程的施工班组人数。

④检查按此流水施工方式确定的流水施工是否符合该工程工期以及资源等的要求，若符合，则按此计划实施；若不符合，则通过调整主导施工过程的班组人数使流水节拍发生改变，从而调整了工期以及资源消耗情况，使计划符合要求。

2. 异节奏流水施工

异节奏流水施工是指在同一施工过程中，各施工段上的流水节拍全部相等，但不同施工过程之间的流水节拍不一定相等的流水施工方式。异节奏流水施工又可分为成倍节拍流水施工和不等节拍流水施工两种。

（1）成倍节拍流水施工。是指在同一施工过程中，在各施工段上的流水节拍都相等，而在不同施工过程中，其流水节拍不完全相等，但各施工过程的流水节拍均为最小流水节拍的整数倍（或节拍之间存在公约数）。

①节拍特征。成倍节拍流水最显著特点是各过程的施工班组数不一定是一个班组，而是根据该过程流水节拍为各流水节拍值之间的最大公约数（最大公约数一般情况等于节拍值中间的最小流水节拍t_{min}）的整数倍相应调整班组数。各节拍是最小流水节拍的整数倍或节拍值之间存在公约数关系。计算公式为：

$$b_i = \frac{t_i}{t_{min}}$$

式中：b_i——某施工过程所需施工班组的数量；

t_i——某施工过程的流水节拍；

t_{min}——所有流水节拍的最小流水节拍。

②流水施工组织方式。第一，根据工程对象和施工要求，将工程划分为若干个施工过程；第二，根据预算出的工程量，计算每个过程的劳动量，再根据最小劳动量的施工过程班组人数确定出

最小流水节拍；第三，确定其他各过程的流水节拍，通过调整班组人数，使各过程的流水节拍均为最小流水节拍的整数倍；第四，为了充分利用工作面，加快施工进度，各过程应根据其节拍为最小节拍的整数倍关系相应调整施工班组数；第五，检查按此流水施工方式确定的流水施工是否符合该工程工期以及资源等要求。如果符合，则按此计划实施；如果不符合，则通过调整使计划符合要求。

③成倍节拍流水施工的适用范围。成倍节拍流水施工方式在管道、线性工程中应用较多，在建筑装饰工程中，也可根据实际情况选用此方式。

（2）不等节拍流水施工。不等节拍流水施工是指同一施工过程在各个施工段的流水节拍相等，不同施工过程之间的流水节拍既不相等也不成倍数的流水施工方式。

①不等节拍流水施工方式的特点。一方面特征是节拍特征。同一施工过程流水节拍相等，不同施工过程流水节拍不一定相等；另一方面特征是步距特征。各相邻施工过程的流水步距确定方法如下：

$$K_{i,i+1} = \begin{cases} t_i + (t_j - t_d) & \text{（当}t_i \leq t_{i+1}\text{时）} \\ mt_i - (m-1)t_{i+1} + (t_j - t_d) & \text{（当}t_i > t_{i+1}\text{时）} \end{cases}$$

不等节拍工期计算公式为一般流水工期计算表达：

$$T = \sum K_{i,i+1} + \sum z + T_n$$

②不等节拍流水施工的组织方式。首先，根据工程对象和施工要求，将工程划分为若干个施工过程；其次，根据各施工过程的工程量，计算每个过程的劳动量，再根据各过程施工班组人数，确定出各自的流水节拍；再次，组织同一施工班组连续均衡地施工，相邻施工过程尽可能进行平行搭接施工；最后，在工期要求紧张的情况下，为了缩短工期，可以间断某些次要工序的施工，但主导工序必须连续均衡地施工，且绝不允许发生工艺顺序颠倒的现象。

③不等节拍流水施工的适用范围。不等节拍流水施工方式的适用范围较为广泛，适用于各种分部和单位工程流水。

二、无节奏流水施工

无节奏流水施工也称分别流水法施工，是指同一施工过程中流水节拍不完全相等，在不同施工过程中流水节拍也不完全相等的流水施工方式。

在实际工程中，通常每个施工过程在各个施工段上的工程量彼此不等，各专业施工队组的生产效率也相差较大，导致大多数的流水节拍彼此不相等，因此，全等节拍和成倍节拍流水往往是难以组织的，而无节奏流水则是利用流水施工的基本概念，在保证施工工艺、满足施工顺序要求的前提下，按照一定的计算方法，确定相邻专业施工队组之间的流水步距，使其在开工时间上最大限度地、合理地搭接起来，形成每个专业施工队都能连续作业的流水施工方式。无节奏流水施工是流水施工的普遍形式。

无节奏流水作业实质是各专业施工班组连续流水作业，流水步距经计算确定，使工作班组之间在一个施工段内互不干扰，或前后工作班组之间工作紧紧衔接。因此，组织无节奏流水作业的关键在于计算流水步距。

1. 无节奏流水施工的特征

（1）每个施工过程在各个施工段上的流水节拍不尽相等。

（2）各个施工过程之间的流水步距不完全相等且差异较大。

（3）各施工作业队能够在施工段上连续作业，但有的施工段之间可能有空闲时间。

（4）施工队组数n_1等于施工过程数n。

2. 无节奏流水施工主要参数的确定

（1）流水步距的确定。无节奏流水步距通常采用累加数列错位相减取大差法计算确定。

（2）流水施工工期。

$$T = \sum K_{i, i+1} + \sum t_n + \sum t_j - \sum t_d$$

式中：$\sum K_{i, i+1}$—— 表示流水步距之和；

$\sum t_n$—— 表示最后一个施工过程的流水节拍之和。

3. 无节奏流水施工的组织

组织无节奏流水施工的基本要求与异步距异节奏流水相同，既能保证施工过程的工艺顺序合理，还能保证各施工队组尽量依次在各施工段上连续施工。无节奏流水施工在进度安排上比较灵活、自由，适用于分部工程和单位工程及大型建筑群的流水施工，实际运用比较广泛。

R 补充要点

流水施工的技术经济效果

流水施工是一种先进、科学的施工方式。由于它在工艺过程划分、时间安排和空间布置上进行了统筹安排，必然会体现出优越的技术经济效果。具体可归纳为以下几点：

1. 由于流水施工的连续性，减少了专业工作的间隔时间，达到了缩短工期的目的，可使拟建工程项目尽早竣工，交付使用，发挥投资效益。

2. 利于改善劳动组织，改进操作方法和施工机具，提高劳动生产率。

3. 专业化的生产可提高工人的技术水平，使工程质量相应提高。

4. 工人技术水平和劳动生产率的提高，可以减少用工量和施工临时设施的建造量，降低工程成本，提高利润水平。

5. 可以保证施工机械和劳动力得到充分、合理的利用。

6. 由于工期短、效率高、用人少、资源消耗均衡，可以减少现场管理费和物资消耗，实现合理储存与供应，有利于提高项目的综合经济效益。

第五节　流水施工的步骤与分类

一、流水施工的步骤

如何正确选用流水施工组织方式，需要根据工程的具体情况来确定。通常情况下，首先将单位工程流水先分解为分部工程流水，然后根据分部工程的各施工过程劳动量的大小、施工队人数来选择流水施工方式。

1. 选择流水施工方式的思路

（1）根据工程具体情况。第一，将建筑施工工程划分为n个分部工程流水节拍；第二，根据需要再划分成n个子分部、分项工程流水节拍；第三，再根据组织流水施工的需要，将n个子分部、分项工程分成若干个劳动量大致相等的施工段；第四，划分完毕后，在各个流水段上选择施工班组进行流水施工。

（2）根据施工过程数。在工程条件允许的条件下，在划分分项工程的施工过程数目时，不宜过多，尽可能组织等节拍的流水施工方式，这是一种较为理想、合理的流水施工方式。

（3）根据流水节拍。当分项工程的施工过程数过多时，要得到相等的流水节拍相对困难，这时候可根据流水节拍的规律，选择异节拍、成倍节拍和无节奏流水的施工组织方式。

2. 选择流水施工方式的前提条件

（1）划分施工段应满足施工要求。

（2）满足合同工期、工程质量、施工安全要求。

（3）在现有的生产施工条件上，满足人力、物力资源的施工工作的现实情况。

二、流水施工的分类

根据流水施工组织的范围，流水施工可分为分项工程流水施工、分部工程流水施工、单位工程流水施工和群体工程流水施工等形式（图2-20）。

1. 分项工程流水施工

分项工程流水施工又称为细部流水施工，是在一个专业工种内部组织起来的流水施工。在施工进度计划表上，分项工程流水施工用一组一组标有施工段或工作队编号的水平进度指示线段表示。如砌墙拆墙的工作队，依次连续地在各施工区域完成砌墙、拆墙的工作。

2. 分部工程流水施工

分部工程流水施工也称为专业流水施工。它是

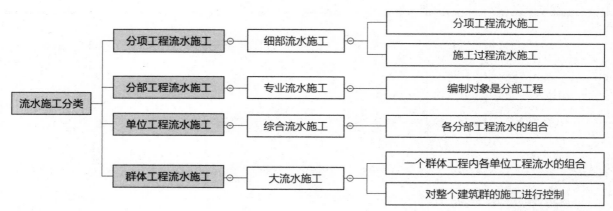

图2-20 流水施工分类图

在一个分部工程内部、各分项工程之间组织起来的流水施工。在项目施工进度计划表上，它由一组标有施工段或工作队编号的水平进度指示线段来表示。

3. 单位工程流水施工

单位工程流水施工也称为综合流水施工。它是在一个单位工程内部、各分部工程之间组织起来的流水施工。在项目施工进度计划表上，它是由若干组分部工程的进度指示线段表示，并由此构成一张单位工程施工进度计划。

4. 群体工程流水施工

群体工程流水施工也称为大流水施工。它是在若干单位工程之间组织起来的流水施工。反映在项目施工进度计划上，它是一张项目施工总进度计划表。

分项工程流水施工与分部工程流水施工是流水施工组织的基本形式。在实际施工中，分项工程流水施工的效果不大，只有把 n 个分项工程流水施工集中起来，组成分部工程流水施工，才能得到良好的效果。从本质上来看，单位工程流水施工与群体工程流水施工实际上是分部工程流水施工的扩充应用。

📖 补充要点

组织流水施工的条件

1. 划分施工段。根据组织流水施工的需要，将每个装饰施工过程尽可能地划分为劳动量大致相等的施工段。

2. 划分施工过程。把建筑物的整个装饰施工过程分解为若干个装饰施工过程，每个装饰施工过程分别由固定的专业施工班组负责完成。

3. 每个施工过程组织独立的施工班组。在一个流水组中，每个施工过程尽可能组织独立的施工班组，其形式可以是专业班组，也可以是混合班组。这样可使每个施工班组按施工顺序，依次、连续、均衡地从一个施工段转移到另一个施工段进行相同的操作。

4. 主要施工过程必须连续、均衡地施工。对工程量较大、作业时间较长的施工过程必须组织连续、均衡的施工。对于其他次要的施工过程，可考虑与相邻的施工过程合并；如不能合并，为缩短工期，可安排其间断施工。

5. 不同的施工过程尽可能组织平行搭接施工。根据不同的施工顺序和不同的施工过程之间的关系，在有工作面的条件下，除必要的技术和组织间歇时间外，应尽可能地组织平行搭接施工。

⑤ 本章小结

流水施工科学地利用了工作面，为施工争取了时间，使总工期趋向于合理，各个施工班组能够连续作业，相邻两个施工班组之间可实现合理搭接，这种施工方式，有效节省了施工工期，提升了施工人员的工作效率，对于大型建筑装饰施工工程来说，是一项十分有利的施工管理方式，能够使工程管理更加简洁明了，施工进度更加精准化，将责任落实到人，有利于施工与管理。

⑫ 课后练习

1. 什么是流水施工？流水施工所展现的优势在哪些方面？
2. 依次施工与平行施工有什么区别？
3. 请简述流水施工的主要参数。
4. 划分施工段和施工层的意义是什么？

5. 将横道图与网络图相比较，哪一种的直观性与表达性更强？请简述理由。
6. 流水节拍应该如何计算？用实例来说明。
7. 决定流水施工组织方式的因素有哪些？

★ 思政训练

1. 流水施工需要精细安排施工员的作息时间，在施工员管理与安排上需要做思想工作，应从哪些方面向施工员解释倒班工作的重要性？
2. 流水施工中的间歇时间是否有存在的必要性？

通过网络查找案例，了解间歇时间安排的原则与方法，分析休息时间与劳动时间设定，及其对施工员思想认知的影响。

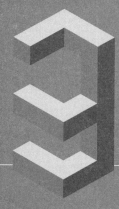

第三章
网络计划技术概述

PPT 课件

» **学习难度：** ★ ★ ★ ☆ ☆

» **重点概念：** 方案优化、软件、双代号网络计划、单代号网络图计划

» **章节导读：** 网络计划技术是指以网络图为基础的计划模型，其最基本的优点就是能直观地反映工作项目之间的相互关系，使一项计划构成一个系统的整体，为实现计划的定量分析奠定了基础。同时，它运用数学最优化原理，揭示整个计划的关键工作以及巧妙地安排计划中的各项工作，从而使计划管理人员依照执行的情况信息，有科学根据地对未来做出预测。尽可能短的工期、尽可能少的资源、尽可能好的流程、尽可能低的成本来完成所控制的项目。

第一节　网络计划技术的概念

一、什么是网络计划技术

网络计划是以网络图的形式来表达任务构成、工作顺序并加注工作时间参数的一种进度计划。其优势在于能直观地反映工作项目之间的相互关系，使一项计划构成一个系统的整体，为实现计划的定量分析奠定了基础。网络图是指由箭线和节点（圆圈）组成的，用来表示工作流程的有向、有序的网状图形。

同时，网络运用数学最优化原理，揭示整个计划的关键工作以及巧妙地安排计划中的各项工作，从而使建筑施工计划管理人员依照执行的情况信息，有科学根据地对未来做出预测，使得计划自始至终在人们的监督和控制之中，尽可能缩短工期、合理配置资源、优化管理流程，以较低成本来控制施工项目。利用网络图的形式表达各项工作之间的相互制约和相互依赖关系，并分析其内在规律，从而寻求最优方案的方法称为网络计划技术。

二、网络计划技术的起源与发展

网络计划技术是一种科学的计划管理方法，它是随着现代科学技术和工业生产的发展而产生的。20世纪50年代，为了适应科学研究和新的生产组织管理的需要，国外陆续出现了一些计划管理的新方法。1956年，美国杜邦公司研究创立了网络计划技术的关键线路方法（CPM），并试用于一个化学工程，取得了良好的经济效果。1958年，美国海军武器计划处在研制"北极星"导弹计划时，应用了计划评审方法（PERT）进行项目的计划安排、评价、审查和控制，使北极星导弹工程的工期由原计划的10年缩短为8年。

20世纪60年代初期，网络计划技术在美国得到推广，并被引入日本和欧洲其他国家。随着现代科学技术的迅猛发展，管理水平的不断提高，网络计划技术也在不断发展和完善。目前，网络计划技术广泛地应用于世界各国的工业、国防、建筑、运输和科研等领域，已成为发达国家盛行的一种现代生产管理的科学方法。

我国对网络计划技术的研究与应用起步较早，20世纪60年代中期，由著名数学家华罗庚教授首先在我国的生产管理中推广和应用这些新的计划管理方法，并根据网络计划统筹兼顾、全面规划的特点，将其概括为统筹法。经过多年的实践和应用，网络计划技术在我国的工程建设领域得到了迅速发展，尤其是在大、中型工程项目的建设中，其在资源的合理安排，进度计划的编制、优化和控制等方面应用效果显著。目前，网络计划技术已成为我国工程建设领域必不可少的现代化管理方法。

三、网络计划的基本原理

网络计划首先是应用网络图来表达一项计划（或工程）中各项工作的开展顺序及其相互间的关系；然后通过计算找出计划中的关键工作及关键线路；继而通过不断改进网络计划，寻求最优方案，并付诸实施；最后在执行过程中进行有效控制和监督。

在建筑装饰施工中，网络计划主要用来编制工程项目施工的进度计划和施工企业的生产计划，并通过对计划的优化、调整和控制，达到缩短工期、提高效率、节约劳动力、降低消耗的项目施工管理目标。

四、网络计划的种类和编制流程

网络计划技术不仅是一种科学的管理方法，同时也是一种科学的动态控制方法。建设工程施工项目网络计划编制具有以下流程：

（1）调查研究确定施工顺序及施工工作组成；

（2）理顺施工工作的先后关系并用网络图表示；

（3）计算或计划施工工作所需的持续时间；

（4）制定网络计划；不断优化、控制、调整。

五、网络计划的分类

网络图形式多样，因此，网络计划技术可以划分为多个种类（图3-1）。按绘图符号的不同含义，可划分为双代号网络计划和单代号网络计划；按工作持续时间受到的制约程度，可划分为时标网络计划和非时标网络计划；根据计划的工程对象不同和使用范围大小，网络计划可分为局部网络计划、单位工程网络计划和综合网络计划；根据计划最终目标的多少，网络计划可分为单目标网络计划和多目标网络计划；按工作衔接特点分类，网络计划可分为普通网络计划、搭接网络计划和流水网络计划。按网络参数的性质不同分类，网络计划可分为肯定型网络计划和非肯定型网络计划。

1. 单代号网络图

单代号网络图用节点、编号来表示工作，以箭线表示工作之间的逻辑关系。即每一个节点表示一项工作，节点所表示的工作名称、持续时间和工作代号等标注在节点内，如图3-2所示。

2. 双代号网络图

双代号网络图使用箭头与两端的节点编号来表示工作，即使用两个节点，一根箭线代表一项工作，箭线上方记录工作名称，箭线下方记录工作持续时间，在箭线前后的衔接处画上节点编上号码，并以节点编号"i"和"j"代表一项工作名称，例

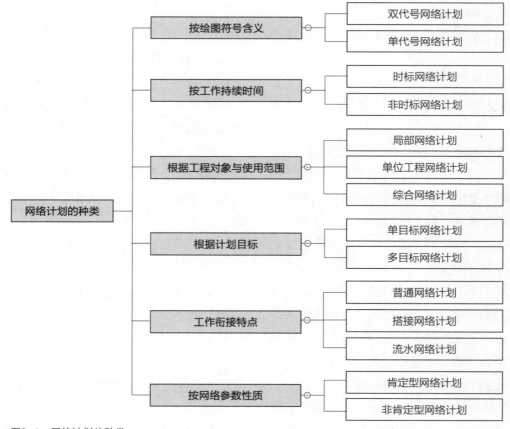

图3-1　网络计划的种类

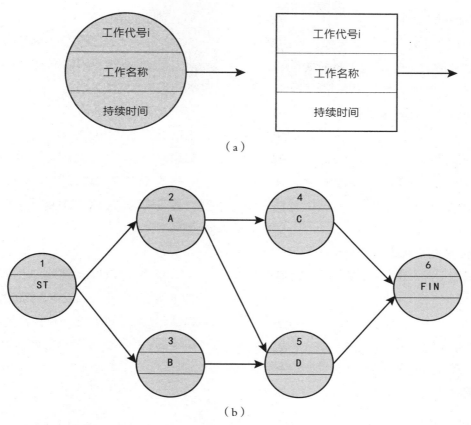

（a）

（b）

图3-2 单代号网络图

如，i代表上一施工班组的工程名称，j代表下一施工班组的工程名称（图3-3）。

3. 有时标网络计划

有时标网络计划是带有时间坐标的网络计划。

时间坐标用横坐标来表示，每项工作持续时间与箭杆的水平投影成正比关系，即箭杆的水平投影长度就代表该工作的持续时间，时间坐标的时间单位（天、周、月等）可根据实际需要来确定。

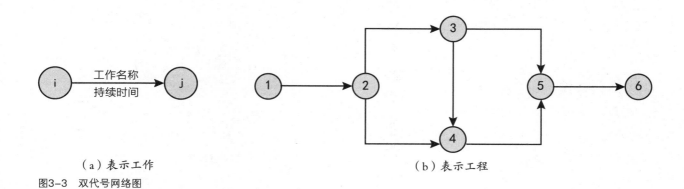

（a）表示工作

（b）表示工程

图3-3 双代号网络图

4. 非时标网络计划

非时标网络计划是不带有时间坐标的网络计划。在非时标网络计划中，工作箭杆长度与该工作的持续时间无关，各施工过程持续时间用数字写在箭杆的下方，习惯上简称网络计划。

5. 局部网络计划

以一个分部工程或施工段为对象编制的网络计划称为局部网络计划。

6. 单位工程网络计划

以一个单位工程为对象编制的网络计划称为单位工程网络计划。

7. 综合网络计划

以一个建筑项目或建筑群为对象编制的网络计划称为综合网络计划。

8. 单目标网络计划

只有一个最终目标的网络计划称为单目标网络计划。单目标网络计划只有一个终节点（图3-4）。

9. 多目标网络计划

由若干独立的最终目标和与其相关的工作组成的网络计划称为多目标网络计划。多目标网络计划一般有多个终节点，如图3-5所示。

10. 普通网络计划

工作间关系均按首尾衔接关系绘制的网络计划称为普通网络计划，如单代号、双代号和概率网络计划。

11. 搭接网络计划

按照各种规定的搭接时距绘制的网络计划称为搭接网络计划，网络图中既能反映各种搭接关系，又能反映相互衔接关系。

12. 流水网络计划

充分反映流水施工特点的网络计划称为流水网络计划，包括横道流水网络计划、搭接流水网络计划和双代号流水网络计划。

13. 肯定型网络计划

如果网络计划中各项工作之间的逻辑关系是肯定的，各项工作的持续时间也是确定的，而且整个网络计划有确定的工期，这种类型的网络计划称为肯定型网络计划。

14. 非肯定型网络计划

如果网络计划中各项工作之间的逻辑关系或工作的持续时间是不确定的，整个网络计划的工期也是不确定的，这种类型的网络计划称为非肯定型网络计划。

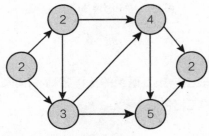

图3-4　单目标网络计划

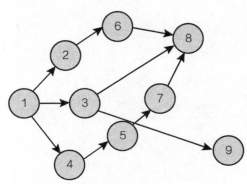

图3-5　多目标网络计划

第二节 网络计划技术的应用步骤

一、确定目标

确定目标是指决定将网络计划技术应用在哪一个工程项目中，并提出对工程项目和有关技术经济指标的具体要求，例如，在工期、成本费用方面的要求。依据企业现有的管理基础，掌握各方面的信息和情况，利用网络计划技术实现工程项目，打造最优质的方案。

二、分解工程项目

一个工程项目是由许多细部项目组成的，在绘制网络图前就要将工程项目分解成各项作业。作业项目划分的粗细程度视工程内容以及不同单位要求而定。

通常情况下，根据作业内容的多少来划分范围的粗细，作业项目分得细，网络图的节点和箭线就多。对于上层领导机关，网络图可绘制的粗些，主要是通观全局、分析矛盾、掌握关键、协调工作、进行决策。对于基层单位，网络图可以绘制得细致些，以便具体组织和指导工作。

在工程项目分解成作业的基础上，要对先行作业（紧前作业），平行作业和后续作业（紧后作业）进行分析。即在该作业开始前，对每一项作业有一个明确的计划，哪些作业可以最后完成，哪些作业必须提前进行，哪些作业可以同时进行，哪些作业可以交叉进行。在划分作业项目后便可计算和确定作业时间。一般采用单点估计或三点估计法，然后一并填入明细表中（表3-1）。

三、绘制网络图

根据作业时间明细表，可绘制网络图。网络图的绘制方法有顺推法和逆推法。

1. 顺推法

即从始点时间开始根据每项作业的紧后作业，顺序依次绘出各项作业的箭线，直至终点时间为止。

2. 逆推法

即从终点时间开始，根据每项作业的紧前作业，用逆箭头前进方向逐一绘出各项作业的箭线，直至始点时间为止。

同一项任务，用上述两种方法画出的网络图是相同的。一般习惯于按反工艺顺序安排计划的企业，如机器制造企业，采用逆推较方便，而建筑安装等企业，则大多采用顺推法。按照各项作业之间的关系绘制网络图后，要进行节点编号。

四、计算网络时间

通过网络图和各项活动的作业时间，可以计算出全部网络时间和时差，并确定关键线路。具体计算网络时间并不太难，但操作起来比较烦琐。而在实际操作中，影响计划的因素很多，在计算时需要耗费大量的人力与时间，实际上十分不划算。因此，只有采用电子计算机能够对计划进行局部或全部调整，这也对推广应用网络计划技术提出了新内

表3-1　　　　　　　　　　　　　作业时间明细表

作业名称	作业代号	施工时间	紧前作业	紧后作业

容和新要求。

五、进行网络计划方案优化

优化网络计划方案的关键是要找出关键路径，这样一来，就初步确定了完成整个计划任务所需要的工期。但需要考虑总工期是否符合合同或计划规定的时间要求，是否与计划期的劳动力、物资供应、成本费用等计划指标相适应。需要进一步综合平衡，通过优化来选取最优方案。然后正式绘制网络图，编制各种进度表，以及工程预算等各种计划文件。

六、网络计划的贯彻执行

编制网络计划仅仅是计划工作的开始。计划工作不仅要正确地编制计划，更重要的是对组织计划的实施要想计划得到有效执行，就要发动群众讨论计划，加强生产管理工作，采取切实有效的措施，才能保证计划任务的完成，但人工管理始终存在一定的管理缺失。因此，在应用电子计算机的情况下，可以利用计算机对网络计划的执行进行监督、控制和调整，只要将网络计划及执行情况输入计算机，它就能自动运算、调整，并输出结果，以指导生产。

R 补充要点

网络计划的作用

1. 利用网络图的形式表达一项工程计划方案中各项工作之间的相互关系和先后顺序关系。

2. 通过网络图各项时间参数的计算，找出计划中的关键工作、关键线路和计算工期。

3. 通过网络计划优化，不断改进网络计划的初始安排，找到最优的方案。

4. 在计划实施过程中采取有效措施对其进行控制，以合理使用资源，高效、优质、低耗地完成预订任务。

第三节 网络计划时间参数概念

网络计划是指在网络图上加注时间参数而编制的进度计划。网络计划时间参数的计算应在各项工作的持续时间确定之后进行。时间参数是指网络计划、工作及节点所具有的各种时间值。

一、工作持续时间和工期

1. 工作持续时间

工作持续时间是指一项工作从开始到完成的时间。在双代号网络计划中，工作i–j的持续时间用D_{i-j}表示；在单代号网络计划中，工作i的持续时间用D_i表示。

2. 工期

工期泛指完成一项任务需要的时间。在网络计划中，工期一般分为以下两种（表3–2）：

（1）当已规定要求工期时，计划工期不应超过要求工期，即：

$$T_p \leqslant T_r$$

（2）当未规定要求工期时，可令计划工期等于计算工期，即：

$$T_p = T_e$$

表3-2 网络计划工期

名称	内容	表示方式
计算工期	根据网络计划时间参数计算而得到的工期	用 T_e 表示
要求工期	任务委托人所提出的指令性工期	用 T_r 表示
计划工期	根据要求工期和计算工期所确定的作为实施目标的工期	用 T_p 表示

二、工作时间参数

除工作持续时间外，网络计划中工作的六个时间参数为：最早开始时间、最早完成时间、最迟完成时间、最迟开始时间、总时差和自由时差（图3-6）。

1. 最早开始时间和最早完成时间

（1）最早开始时间。工作的最早开始时间是指在其所有的紧前工作全部完成后，本工作才有可能开始的最早时刻。

（2）最早完成时间。工作的最早完成时间是指在其所有紧前工作全部完成后，本工作有可能完成的最早时刻。工作的最早完成时间等于本工作的最早开始时间与其持续时间之和。

在双代号网络计划中，工作i-j的最早开始时间用 ES_{i-j} 表示，最早完成时间用 EF_{i-j} 表示；在单代号网络计划中，工作i的最早开始时间用 ES_i 表示，最早完成时间用 EF_i 表示。

2. 最迟开始时间和最迟完成时间

（1）最迟开始时间。工作的最迟开始时间是指在不影响整个任务按期完成的前提下，本工作必须开始的最迟时刻。

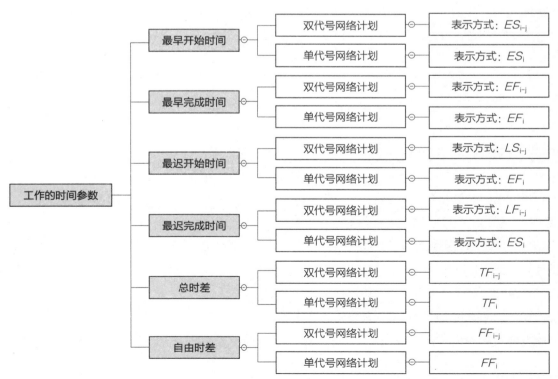

图3-6 工作时间参数

（2）最迟完成时间。工作的最迟完成时间是指在不影响整个任务按期完成的前提下，本工作必须完成的最迟时刻。工作的最迟开始时间等于本工作的最迟完成时间与其持续时间之差。

在双代号网络计划中，工作i-j的最迟完成时间用LF_{i-j}表示，最迟开始时间用LS_{i-j}表示；在单代号网络计划中，工作i的最迟完成时间用ES_i表示，最迟开始时间用EF_i表示。

3. 总时差和自由时差

（1）总时差。工作的总时差是指在不影响总工期的前提下，本工作可以利用的机动时间。在双代号网络计划中，工作i-j的总时差用TF_{i-j}表示；在单代号网络计划中，工作i的总时差用TF_i表示。

（2）自由时差。工作的自由时差是指在不影响其紧后工作最早开始时间的前提下，本工作可以利用的机动时间。在双代号网络计划中，工作i-j的自由时差用FF_{i-j}表示；在单代号网络计划中，工作i的自由时差用FF_i表示。

由上述所知，对于同一项工作而言，自由时差不会超过总时差，即$TF_{i-j} > FF_{i-j}$（$TF_i > FF_i$）。当工作的总时差为零时，其自由时差必然为零，即

$TF_{i-j} = FF_{i-j} = 0$（$TF_i = FF_i = 0$）。在网络计划的执行过程中，工作的自由时差是该工作可以自由使用的时间。但是，如果利用某项工作的总时差，则有可能使该工作后续工作的总时差减小。

三、工作节点最早时间和最迟时间（表3-3）

表3-3　最早时间和最迟时间的内容与表示

名称	内容	表示方式
节点最早时间	是指在双代号网络计划中，以该节点为开始节点的各项工作的最早开始时间	节点i的最早时间ET_i表示
节点最迟时间	是指在双代号网络计划中，以该节点为完成节点的各项工作的最迟完成时间	节点j的最迟时间LT_j表示

四、相邻两项工作之间的时间间隔

相邻两项工作之间的时间间隔是指本工作的最早完成时间与其紧后工作最早开始时间之间可能存在的差值。工作i与工作j之间的时间间隔用$LAG_{i,j}$表示。

第四节　双代号网络计划

双代号网络图的每一个工作（或工序、施工过程、活动等）都由一根箭线和两个节点表示，并在节点内编号，用箭尾节点和箭头节点编号作为这个工作的代号。由于工作均用两个代号标识，所以该表示方法通常称为双代号表示方法。用这种表示方法，将一项计划的所有工作按其逻辑关系绘制而成的网状图形称为双代号网络图。

一、双代号网络图的组成要素

双代号网络图由箭线、节点、线路三个要素组成。

1. 箭线

在双代号网络图中，一根箭线表示一项工作

（或工序、施工过程、活动等）。如架设模板、绑扎钢筋、混凝土浇筑、混凝土养护等。这里的每一项工作都需要消耗一定的资源与时间，只要消耗一定时间的施工过程都可作为一项工作，各个工作用实箭线来表示（图3-7）。在双代号网络图中，工作可以分为两种：一种是需要同时消耗时间和资源，如混凝土浇筑，既需要消耗时间，也需要消耗劳动力、水泥、砂石等资源；另一种只需要消耗时间，如混凝土的养护、油漆的干燥等。

图3-7 双代号网络图工作表示法

在双代号网络图中，为了正确表达施工过程的逻辑关系，有时需借助虚箭线，但这里的虚箭线没有具体的工作名称，不占用时间，不消耗资源，只解决工作之间的连接问题，称之为虚工作（图3-8）。虚工作在双代号网络计划中起到连接施工过程之间的逻辑连接与间断的作用。

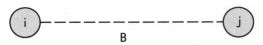

图3-8 双代号网络图虚工作表示法

双代号网络图中，以某一工作为例，紧靠其前面的工作称为紧前工作，紧靠其后面的工作称为紧后工作，该工作本身则称为本工作，与之平行的工作称为平行工作。本工作之前所有的工作称为先行工作，本工作之后的所有工作称为后继工作（图3-9）。

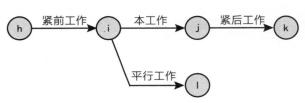

图3-9 双代号网络图工作关系

2. 节点

节点是双代号网络图中箭线之间的连接点，表示工作开始与工作结束之间的交接点。在双代号网络图中，节点既不占用时间，也不消耗资源，是个瞬间值。在网络图中，节点只表示工作的开始或结束的瞬间，起着承上启下的连接作用。

节点一般用圆圈或其他形状的封闭图形表示，圆圈中带有数字编号（整数号码）。每项工作都可用箭尾和箭头节点的两个编号作为该工作的代号，箭尾用"i"表示，箭头用"j"表示。一般情况下，节点的编号应满足i<j的要求，也就是箭尾号码要小于箭头号码，节点的编号顺序从小到大，可以不连续，但顺序之间不允许重复。

网络图的第一个节点称为起始节点，表示一项计划（或工程）的开始；最后一个节点称为终点节点，表示一项计划（或工程）的结束；其他节点都称为中间节点，每个中间节点既是紧前工作的结束节点，又是紧后工作的开始节点。

3. 线路

从网络图的起始节点到终止节点，沿着箭线的指向所构成的若干条"通道"即为线路。一般网络图有多条线路，可依次用该线路上的节点代号来记述，其中持续时间最长的一条线路称为关键线路（至少有一条关键线路）。该关键线路的计算工期即为该计划的计算工期，位于关键线路上的工作称为关键工作。其余线路称为非关键线路，位于非关键线路上的工作称为非关键工作。如图3-10所示网络图中共有两条线路，1→2→3→4→5 线路的持续时间为6天，1→2→4→5 线路的持续时间为8天，则1→2→4→5 线路为关键线路。

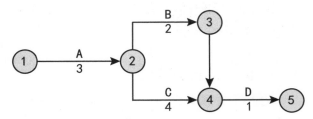

图3-10 双代号网络图绘制

在网络图中，关键线路要用双实线、粗箭线或彩色箭线表示，关键线路控制着工程计划的进度，决定着工程计划的工期，关键线路并不是一成不变的工程计划。在一定条件下，关键线路和非关键线路之间可以互相转化，如非关键线路上的工作持续时间缩短，或关键线路上的工作持续时间增加，都有可能使关键线路与非关键线路发生转换。

非关键线路都有若干天机动时间，称为时差。在时差允许范围内，非关键工作可以放慢施工进度，将部分人力、物力转移到关键工作上，以加快关键工作的进程；或者在时差允许范围内，改变工作开始和结束时间，以达到均衡施工的目的。

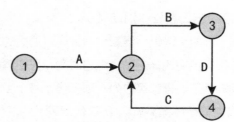

图3-11 循环回路示意图

二、双代号网络图的绘制原则

正确绘制网络图是网络计划应用的关键。因此，绘图时必须做到以下两点：第一，绘制的网络图必须正确表达工作之间的逻辑关系；第二，必须遵守双代号网络图的绘制规则。

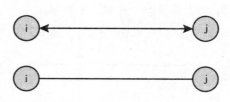

图3-12 箭线绘制错误示意图

1. 严禁出现循环回路

所谓循环回路是指从网络图中的某一个节点出发，顺着箭线方向又回到了原来出发点的线路（图3-11）。②→③→④形成循环回路，由于其逻辑关系相互矛盾，此网络图表达必定是错误的。

2. 严禁双向箭头或无箭头的连线

双代号网络图中，在节点间严禁出现带双向箭头或无箭头的连线（图3-12）。

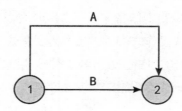

（a）错误画法

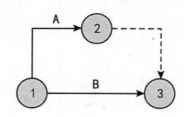

（b）正确画法

图3-13 箭线绘制示意图

3. 严禁相同的编号、节点、剪线

双代号网络图中，不允许出现同样编号的节点或箭线，如图3-13所示。

4. 同一项工作不能出现两次

双代号网络图中，同一项工作不能出现两次。如图3-14所示，C工作出现了两次。

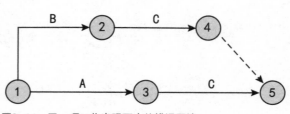

图3-14 同一项工作出现两次的错误画法

5. 起点节点和终点节点都只有一个

在一张网络图中，应只有一个起点节点和一个终点节点（任务中部分工作需要分期完成的网络计划除外）。除网络图的起点节点和终点节点外，不允许出现没有外向箭线与内向箭线的节点。

如图3-15所示，网络图中有两个起点节点①，两个终点节点⑦，这种网络图是错误的画法。在绘图中，将两个节点①合并为一个起点节点①，将两个节点⑦，合并为一个终结点⑧，该网络中就只有一个起点节点与终点节点，正确的绘制方式如图3-16所示。

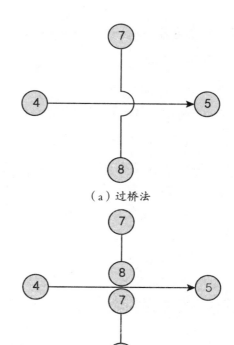

（a）过桥法

（b）指向法

图3-17　箭线交叉画法

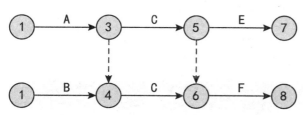

图3-15　错误的网络图画法

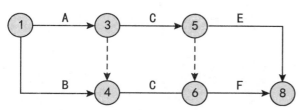

图3-16　正确的网络图画法

6. 严禁箭线交叉

绘制网络图时，箭线不宜交叉；当交叉不可避免时，可用过桥法或指向法，如图3-17所示。

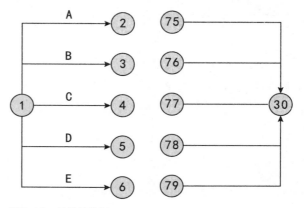

图3-18　母线法绘制

7. 严禁在箭线上引入或引出箭线

当网络图的起点节点（终点节点）上有多条箭线需要引入（引出）时，为了图形简洁易懂，可以采用母线法绘图法，如多条箭线经一条共用的垂直线段从起点节点引出，或将多条箭线经一条共用的垂直线段引入终点节点，如图3-18所示。对于特殊线型的箭线，如粗箭线、双箭线、虚箭线、彩色箭线等，可在从母线上引出的支线上标出，错误的画法如图3-19所示。

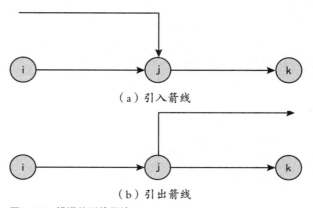

（a）引入箭线

（b）引出箭线

图3-19　错误的引线画法

补充要点

网络图的绘制步骤

1. 进行工作分析,绘制逻辑关系表。

2. 绘制草图,从没有紧前工作的工作画起,从左到右把各工作组成网络图。

3. 按网络图的绘制规则和逻辑关系检查、调整网络图。

4. 整理构图形式,应从以下几个方面进行整理。首先,箭线宜用水平箭线,垂直箭线表示;其次,避免反向箭杆;最后,去除多余的虚工作,应保证去除后不影响逻辑关系的正确表达,不会出现同样编号的箭线。

5. 给节点编号,编号原则是对于任一工作其箭尾号码要小于箭头号码。

三、双代号网络绘制常用表示方法(表3-4)

表3-4 双代号网络绘制常用表示方法

序号	工作之间的逻辑关系	网络中的表示方法
1	有A、B两项工作按照依次施工方式进行	
2	有A、B、C三项工作同时开始	
3	有A、B、C三项工作同时结束	
4	有A、B、C三项工作,只有在A完成后,B、C才能开始	

续表

序号	工作之间的逻辑关系	网络中的表示方法
5	有 A、B、C 三项工作，C 只有在 A、B 完成后才能开始	
6	有 A、B、C、D 四项工作，只有在 A、B 完成后，C、D 才能开始	
7	有 A、B、C、D 四项工作，只有在 A 完成后，C、D 才能开始，B 完成后 D 才能开始	
8	有 A、B、C、D、E 五项工作，只有 A、B 完成后，C 才能开始，B、D 完成后，E 才能开始	
9	有 A、B、C、D、E 五项工作，只有 A、B、C 完成后，D 才能开始，B、C 完成后 E 才能开始	

续表

序号	工作之间的逻辑关系	网络中的表示方法
10	有 A、B、C 三项工作分三个施工段组织流水施工	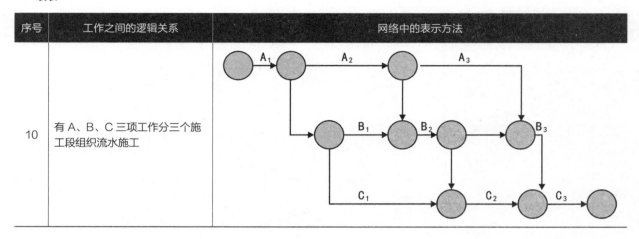

四、双代号网络计划时间参数计算

分析和计算网络计划的时间参数，是网络计划方法的一项重要技术内容。通过计算网络计划的时间参数，可以确定完成整个计划所需要的时间——计划工期，明确计划中各项工作对整个计划工期的不同影响，从工期的角度区分出关键工作与非关键工作，计算出非关键工作的作业时间有多少机动性（作业时间的可伸缩度）。所以，计算网络计划的时间参数，是确定计划工期的依据，是确定网络计划机动时间和关键线路的基础，是计划调整与优化的依据。

双代号网络计划时间参数计算的内容主要包括：各项工作的最早开始时间、最迟开始时间、最早完成时间、最迟完成时间、节点的最早时间、节点的最迟时间、工作的总时差及自由时差。网络计划时间参数的计算有许多方法，一般常用的有分析计算法、节点计算法、图上计算法等。

1. 分析计算法

也称公式法，按分析计算法计算时间参数应在确定了各项工作的持续时间之后进行。虚工作也必须视同工作进行计算，其持续时间为零。时间参数的计算结果应标注在箭线之上。

计算工作的最早时间时应特别注意以下三点：一是计算程序，即从起点节点开始顺着箭线方向，按节点次序逐项工作计算；二是要弄清该工作的紧前工作是哪几项，以便准确计算；三是同一节点的所有外向工作最早开始时间相同。

计算工作的最迟时间时应特别注意以下三点：一是计算程序，即从终点节点开始逆着箭线方向，按节点次序逐项工作计算；二是要弄清该工作的紧后工作有哪几项，以便正确计算；三是同一节点的所有内向工作最迟完成时间相同。

2. 节点计算法

节点时间参数只有两个，即节点最早时间EF_i和节点最迟时间LT_i。按节点计算法计算时间参数，其计算结果应标注在节点之上。

用节点计算法计算时间参数时，首先计算网络计划各个节点的两个时间参数，然后以这两个时间参数为基础，计算各工作的总时差和自由时差，以此来找出关键工作、关键线路以及非关键工作的机动时间。

3. 图上计算法

图上计算法简称图算法，是指按照各项时间参数计算公式的程序，直接在网络图上计算时间参数的方法。由于计算过程在图上直接进行，不需要列出计算公式，能够做到计算快而又不易出错，计算结果直接标注在网络图上一目了然，同时也便于检查和修改，因此，这种计算方法比较常用。

其余工作的最早开始时间可采用"沿线累加，逢圈取大"的计算方法求得。即从网络图的起点节点开始，沿每一条线路将各工作的作业时间累加起来，在每一个圆圈（节点）处，取到达该圆圈的各条线路累计时间的最大值，就是以该节点为开始节点的各工作的最早开始时间。工作的最早完成时间等于该工作最早开始时间与本工作持续时间之和。

R 补充要点

双代号网络图时间参数常用符号

D_{i-j}（duration）——工作i-j的持续时间；

ES_{i-j}（earliest start time）——工作i-j的最早开始时间；

EF_{i-j}（earliest finish time）——工作i-j的最早完成时间；

LS_{i-j}（latest finish time）——在总工期已确定的情况下，工作i-j的最迟开始时间；

LF_{i-j}（latest start time）——在总工期已确定的情况下，工作i-j的最迟完成时间；

ET_i（earliest event time）——节点i的最早时间；

LT_i（latest event time）——节点i的最迟时间；

TF_{i-j}（total float）——工作i-j的总时差；

FF_{i-j}（free float）——工作i-j的自由时差。

第五节　单代号网络计划

一、单代号网络图绘制

单代号网络图的绘图规则与双代号网络图的绘图规则基本相同，主要区别在于：当网络图中有多项开始工作时，应增设一项虚拟的工作（S），作为该网络图的起点节点；当网络图中有多项结束工作时，应增设一项虚拟的工作（F），作为该网络图的终点节点。如图3-20所示，其中S和F为虚拟工作。

例如，已知各工作之间的关系如表3-5所示，

根据表中的内容来进行单代号网络图绘制。

表3-5　　　各工作之间的关系

工作	a	b	c	d	e	g	i	h
紧前工作	—	—	—	—	ab	bcd	cd	egh

单代号网络图绘制步骤见图3-21。

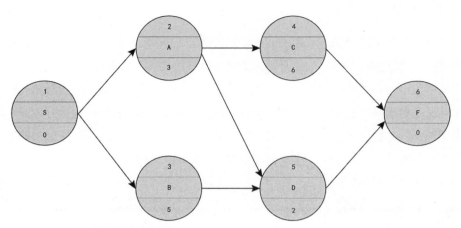

图3-20 单代号网络图的虚拟起点节点与终点节点

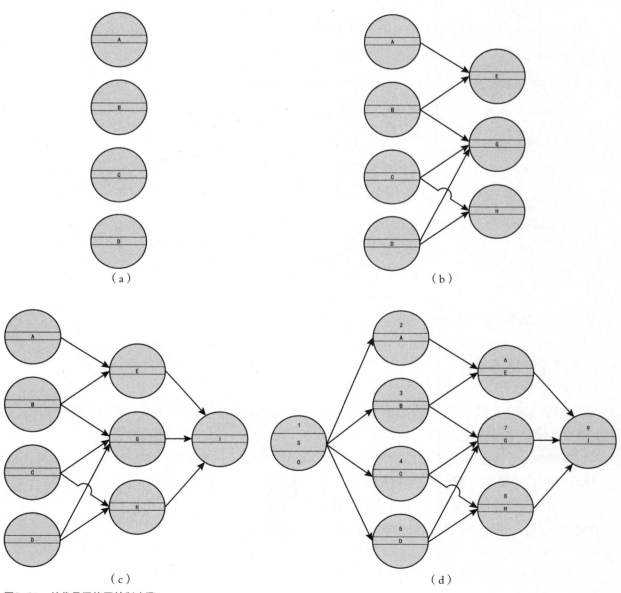

图3-21 单代号网络图绘制步骤

二、单代号网络计划时间参数计算

1. 单代号网络计划时间参数的含义与计算方法

单代号网络计划时间参数的含义和计算原理与双代号网络计划基本相同。但由于单代号网络图是用节点表示工作，箭线只表示工作间的逻辑关系，因此，计算时间参数时，并不像双代号网络图那样，要区分节点时间和工序时间。在单代号网络计划中，除标注出各项工作的6个时间参数外，还要在箭线上方标注出相邻两个工作的时间间隔。时间间隔就是一项工作的最早完成时间与其紧后工作最早开始时间之间存在的差值，用$LAG_{i,j}$表示。

单代号网络计划时间参数总共有6个，包括工作最早开始时间、工作最早结束时间、工作最迟结束时间，工作最迟开始时间、工作总时差和工作自由时差。单代号网络计划时间参数的计算方法有分析计算法、图上计算法、表上计算法等，这些方法在本章第三节中已有详细讲解。

2. 单代号网络图时间参数常用符号

D_i——工作i的持续时间；

ES_i——工作i的最早开始时间；

EF_i——工作i的最早完成时间；

LS_i——工作i的最迟开始时间；

LF_i——工作i的最迟完成时间；

TF_i——工作i的总时差；

FF_i——工作i的自由时差；

$LAG_{i,j}$——相邻两项工作t和j之间的时间间隔。

三、单代号网络图时间参数计算步骤

1. 计算工作的最早开始和最早完成时间

（1）工作i的最早开始时间ES_i，应从网络计划的起点节点开始，顺着箭线方向依次逐项计算。

（2）起点节点i的最早开始时间ES_i，如无规定时，其值应等于零，即：

$$ES_i = O(i=l)$$

（3）各项工作最早开始和结束时间的计算公式为：

$$ES_j = \max\{ES_i + D_i\} = \max\{EF_i\}$$
$$EF_j = ES_j + D_j$$

式中：ES_j—— 工作j最早开始时间；

　　　EF_j—— 工作j最早完成时间；

　　　D_j—— 工作j的持续时间；

　　　ES_i—— 工作j的紧前工作i最早开始时间；

　　　EF_i—— 工作j的紧前工作i最早完成时间；

　　　D_i—— 工作j的紧前工作i的持续时间。

（4）确定网络计划计算工期TC。网络计划中，结束节点所表示的工作的最早完成时间，就是网络计划的计算工期，若n为终点节点，则$TC=EF_n$。

2. 相邻两项工作之间时间间隔的计算

相邻两项工作之间存在着时间间隔，i工作与j工作的时间间隔记为$LAG_{i,j}$。时间间隔指相邻两项工作之间，后项工作的最早开始时间与前项工作的最早完成时间之差。其计算公式如下：

$$LAG_{i,j} = ES_j - EF_i$$

式中：$LAG_{i,j}$—— 工作i与其紧后工作j之间的时间间隔；

　　　ES_j—— 工作i的紧后工作j的最早开始时间；

　　　EF_i—— 工作i的最早完成时间。

3. 计算工作的最迟完成和最迟开始时间

工作的最迟完成时间也就是在不影响计划工期的情况下，该工作最迟必须结束的时间。它等于其紧后工作最迟开始时间的最小值。其计算公式如下：

$LF_n = T_c = T_p$（为结束节点，当计划工期等于计算工期时）

$LF_n = T_r = T_p$（n为结束节点，当有要求工期且为计划工期时）

$LF_i = \min\{LS_j\}$（i为中间节点表示的工作）

工作的最迟开始时间等于该工作的最迟完成时间减去它的持续时间。其计算公式如下：

$$LS_i = LE_i - D_i$$

4. 工作总时差的计算

工作总时差的计算应从网络计划的终点节点开始，逆着箭线方向按节点编号从大到小的顺序依次进行。

（1）网络计划终点节点 n 所代表的工作的总时差（ TF_n ）应等于计划工期 T_p 与计算工期 T_c 之差，即：

$$TF_n = T_p - T_c$$

当计划工期等于计算工期时，该工作的总时差为零。

（2）其他工作的总时差应等于本工作与其各紧后工作之间的时间间隔加该紧后工作的总时差所得之和的最小值，即：

$$TF_i = \min \{LAG_{i,j} + TF_j\}$$

式中：TF_i —— 工作 i 的总时差；

　　$LAG_{i,j}$ —— 工作 i 与其紧后工作 j 之间的时间间隔；

　　TF_j —— 工作 i 的紧后工作 j 的总时差。

5. 自由时差的计算

工作 i 的自由时差 FF_i 的计算应符合下列规定：

（1）终点节点所代表的工作 n 的自由时差。FF_n 应为：

$$FF_n = T_p - EF_n$$

式中：FF_n —— 终点节点 n 所代表的工作的自由时差；

　　T_p —— 网络计划的计划工期；

　　EF_n —— 终点节点 n 所代表的工作的最早完成时间（即计算工期）。

（2）其他工作 i 的自由时差 FF_i，即：

$$FF_i = \min\{LAG_{i,j}\}$$

6. 关键工作和关键线路的确定

（1）单代号网络图关键工作的确定方法与上文双代号网络图相同。

（2）利用关键工作确定关键线路。总时差最小的工作为关键工作，将这些关键工作相连，并保证相邻两项关键工作之间的时间间隔为零，这种构成的线路就是关键线路。

（3）利用相邻两项工作之间的时间间隔确定关键线路。从网络计划的终点节点开始，从箭线方向逆向依次找出相邻两项工作之间时间间隔为零的线路就是关键线路。

📖 补充要点

多级网络计划系统的编制原则

根据多级网络计划系统的特点，编制时应遵循以下原则：

1. 整体优化原则。编制多级网络计划系统，必须从建设工程整体角度出发，进行全面分析，统筹安排。有些计划安排从局部看是合理的，但在整体上并不一定合理。因此，必须先编制总体进度计划后编制局部进度计划，以局部计划来保证总体优化目标的实现。

2. 连续均衡原则。编制多级网络计划系统，要保证实施建设工程所需资源的连续性和资源需用量的均衡性。事实上，这也是一种优化。资源能够连续均衡地使用，可以降低工程建设成本。

3. 简明适用原则。过分庞大的网络计划不利于识图，也不便于使用。应根据建设工程实际情况，按不同的管理层级和管理范围分别编制简明适用的网络计划。

第六节 网络计划优化

网络计划的优化是在满足既定约束条件下，按选定目标，通过不断改进网络计划来寻找满意方案。其目的是通过依次改善网络计划，使工程按期完工，并在现有资源的限制条件下，均衡合理地使用各种资源，以较小的消耗取得最大的经济效益。

网络计划的优化目标，应按计划任务的需要和条件选定，包括工期优化、资源优化、费用优化。网络计划的优化只是相对的，不可能做到绝对优化。在一定优化原理的指导下优化的方法可以是多种多样的。

一、工期优化

工期优化是指在满足既定约束条件下，按要求工期目标，通过延长或缩短网络计划初始方案的计算工期，以达到要求工期目标，保证按期完成任务。

1. 工期优化的方法

网络计划的初始方案编制好后，将其计算工期与要求工期相比较，会出现以下情况：

（1）计算工期小于或等于要求工期。如果计算工期小于要求工期不多或两者相等，则一般不必进行工期优化。如果计算工期小于要求工期较多，则考虑与施工合同中的工期提前奖等条款相结合，确定是否进行工期优化。若需优化，优化的方法是：延长关键线路上资源占用量大或直接费用高的工作的持续时间（相应减少其单位时间资源需要量）；或重新选择施工方案，改变施工机械，调整施工顺序，重新分析逻辑关系；编制网络图，计算时间参数；反复多次进行，直至满足要求工期。

（2）计算工期大于要求工期。当计算工期大于要求工期，可以在不改变网络计划中各项工作之间的逻辑关系的前提下，通过压缩关键工作的持续时间来满足要求工期。选择应缩短持续时间的关键工

作时，应考虑下列因素：

①缩短持续时间对质量和安全影响不大的工作。

②缩短有充足备用资源的工作。

③缩短持续时间所需增加费用最小的工作。

将所有工作按其是否满足上述三个方面要求确定优选系数，优选系数小的工作较适宜压缩。选择关键工作并压缩其持续时间时，应选择优选系数最小的关键工作。若需要同时压缩多个关键工作的持续时间，则它们的优选系数之和（组合优选系数）最小者应优先作为压缩对象。

2. 工期优化的计算

工期优化的计算，应按下述步骤进行：

（1）计算并找出初始网络计划的计算工期、关键线路及关键工作。

（2）按要求工期计算应缩短的时间 ΔT：

$$\Delta T = T_c - T_r$$

（3）缩短持续时间所需增加的费用最少的工作。

（4）将应优先缩短的关键工作压缩至最短时间，并找出关键线路，若被压缩的工作变成了非关键工作，则应将其持续时间延长，使之仍为关键工作。

（5）若计算工期满足要求工期的要求，则优化完成，否则，应重复以上步骤，直到满足工期的要求，或工期已不能再缩短为止。

（6）当所有关键工作的持续时间都已达到其能缩短的极限，而工期仍不能满足要求时，则应对计划的原技术方案、组织方案进行修改，对计划做出调整。经反复修改方案和调整计划均不能达到要求工期时，应对要求工期重新审定。

由于在优化过程中，不一定需要全部时间参数值，只需寻求出关键线路，为此介绍一种关键线路直接寻求法——标号法。根据计算节点最早时

间的原理，设网络计划起节点①的标号值为0，即 $b_j = 0$；中间节点j的标号值等于该节点的所有内向工作（即指向该节点的工作）的开始节点i的标号值b_i与该工作的持续时间$D_{i,j}$之和的最大值，即：

$$b_j = \max\{b_i + D_{i,j}\}$$

能求得最大值的节点i为节点j的源节点，将源节点b_j标注于节点上，直至最后一个节点。从网络计划终点开始，自右向左按源节点寻求关键线路，终节点的标号值即为网络计划的计算工期。

二、资源优化

1. 资源优化的分类与前提条件

一个部门或单位在一定时间内所能提供的各种资源（人力、机械及材料等）是有一定限度的，如何经济而有效地利用这些资源是个十分重要的问题。在资源计划安排时有两种情况：一种情况是网络计划所需要的资源受到限制，如果不增加资源数量（例如人力），有时会迫使工程的工期延长，资源优化的目的是使工期延长最少；另一种情况是在一定时间内如何安排各工作活动时间，使可供使用的资源均衡地消耗。

在通常情况下，网络计划的资源优化分为两种，即"资源有限—工期最短"的优化和"工期固定—资源均衡"的优化。前者是在满足资源限制条件下，通过调整计划安排，使工期延长最少的过程；而后者是在工期保持不变的条件下，通过调整计划安排，使资源需用量尽可能均衡的过程。

进行资源优化的前提条件如下：

（1）在优化过程中，原网络计划各工作之间的逻辑关系不改变。

（2）在优化过程中，原网络计划的各工作的持续时间不改变。

（3）除规定可中断的工作外，一般不允许中断工作，应保持其连续性。

（4）网络计划中各工作单位时间的资源需要量为常数，即资源均衡，而且是合理的。

2. "资源有限—工期最短"优化

"资源有限—工期最短"的优化是通过计划安排，以满足资源限制的条件，并使工期拖延最少的过程。

"资源有限—工期最短"的资源优化工作要达到两个目标：

目标一：削去原计划中资源供应高峰，使资源需要量满足供应限值要求。因此，这种优化方法又称为削高峰法。所谓削高峰是指在资源出现供应高峰的时段内移走某些工作，减少高峰时段内的资源需要量，满足资源限值。

目标二：削高峰时，始终坚持使工期最短的原则。计划工期是由关键线路及其关键工作确定的，移动关键工作将会延长工期。

"资源有限—工期最短"的优化宜对"时间单位"作资源检查，当出现第t个时间单位资源需用量R_t大于资源限量R_n时，应进行计划调整。

调整计划时，应对资源冲突的工作做新的顺序安排。顺序安排的选择标准是"工期延长时间最短"，其值应按下列公式计算。

（1）对双代号网络计划。

$$\Delta D_{m'-n',\ i'-j'} = \min\{\Delta D_{m-n,\ i-j}\}$$

$$\Delta D_{m-n,\ i-j} = EF_{m-n} - LS_{i'-j'}$$

式中：$\Delta D_{m'-n',\ i'-j'}$——在各种顺序安排中，最佳顺序安排所对应的工期延长时间的最小值，它要求将LS_{i-j}最大的工作i'-j'安排在$EF_{m'-n'}$最小的工作m'-n'之后进行；

$\Delta D_{m-n,\ i-j}$——在资源冲突的诸工作中，工作i-j安排在工作m-n之后进行，工期所延长的时间。

（2）对单代号网络计划。

$$\Delta D_{m',\ i'} = \min\{\Delta D_{m,\ i}\}$$

$$\Delta D_{m,\ i} = EF_m - LS_i$$

式中：$\Delta D_{m',\ i'}$——在各种顺序安排中，最佳顺序安排所对应的工期延长时间的最小值；

$\Delta D_{m,\ i}$——在资源冲突的诸工作中，工作i安排在工作m之后进行，工期所延长的时间。

（3）"资源有限—工期最短"的优化应按下述规定步骤调整工作的最早开始时间：

首先，计算网络计划每个时间单位的资源需用量；其次，从计划开始日期起，逐个检查每个时间单位资源需用量是否超过资源限量，如果在整个工期内每个"时间单位"均能满足资源限量的要求，可行优化方案就编制完成了，否则必须进行计划调整；再次，分析超过资源限量的时段（每个时间单位资源需用量相同的时间区段）。计算$\Delta D_{m'-n', i'-j'}$值或$\Delta D_{m', i'}$值，依据它确定新的安排顺序；最后，对调整后的网络计划安排重新计算每个时间单位的资源需用量。

重复上述4个步骤，直至网络计划整个工期范围内每个时间单位的资源需用量均满足资源限量为止。

例如，已知某工程双代号网络计划如图3-22所示，图中箭线上方数字为工作的资源强度，箭线下方数字为工作的持续时间。假定资源限量$R_n=12$，试对其进行"资源有限—工期最短"的优化。

计算步骤：

（1）从计划开始日期起，经检查发现第二个时段{3，4}中存在资源冲突，即资源需用量超过资源限量，故应首先调整该时段。

（2）在时段{3，4}有工作①-③和工作②-④两项平行作业，利用公式计算ΔD值，其结果见表3-6。

从表3-6可知，$\Delta D_{1,2}=1$最小，说明将第2个工作（工作②-④）安排在第1个工作（工作①-③）之后进行，工期延长最短，只延长1。因此，将工作②-④安排在工作①-③之后进行，调整后的网络计划如图3-23所示。

（3）重新计算调整后的网络计划每个时间单位的资源需用量，绘制出资源需用量的动态曲线，从图3-23（b）中可以看出，在第四段{7，9}中存在资源冲突，因此，应对这一时段进行调整。

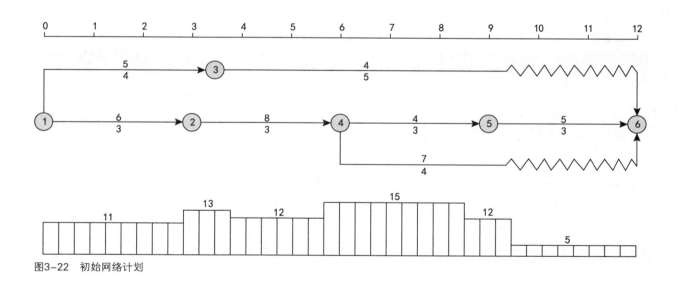

图3-22 初始网络计划

表3-6　　　　　　　　　　　　　　　　　　ΔD值计算表

工作序号	工作代号	最早完成时间	最迟开始时间	$\Delta D_{1,2}$	$\Delta D_{2,1}$
1	①-③	4	3	1	—
2	②-④	6	3	—	3

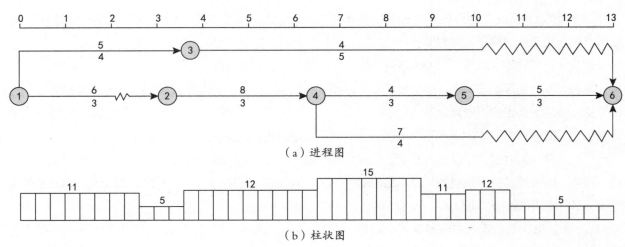

图3-23 调整后的网络计划

（4）在时段{7，9}中有工作③-⑥、工作④-⑤、工作④-⑥者三项平行作业，计算ΔD值，如表3-7所示。

从表3-7可知，$\Delta D_{1,3}=0$最小，说明将第3个工作（工作④-⑥）安排在第1个工作（工作③-⑥）之后进行，工期不延长。因此，将工作④-⑥安排在工作③-⑥之后进行，调整后的网络计划如图

3-24所示。

（5）重新计算调整后的网络计划每个时间单位的资源需用量，绘出资源需用量动态曲线，如图3-24（b）所示。由于此时整个工期范围内的资源需用量均未超过资源限量。可以看出图3-24是最优方案，最短工期为13。

表3-7　　　　　　　　　　　　　　　ΔD值计算表

工作序号	工作代号	最早完成时间	最迟开始时间	$\Delta D_{1,2}$	$\Delta D_{1,3}$	$\Delta D_{2,1}$	$\Delta D_{2,3}$	$\Delta D_{3,1}$	$\Delta D_{3,2}$
1	③-⑥	9	8	2	0	-	-	-	-
2	④-⑤	10	7	-	-	2	1	-	-
3	④-⑥	11	9	-	-	-	-	3	4

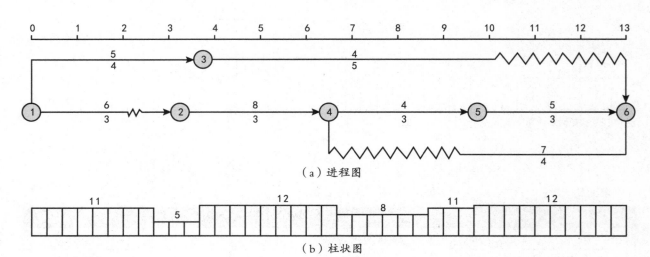

图3-24 优化后的网络计划

3."工期固定—资源均衡"优化

"工期固定—资源均衡"的优化是指在工期保持不变的情况下，每天资源的供应量力求接近平均水平，避免资源出现供应高峰，方便资源供应计划的安排与掌握，使资源得到合理运用。资源均衡可以使各种资源的动态曲线尽可能不出现短时期高峰或低谷，资源供应合理，从而节省施工费用。

"工期固定—资源均衡"的优化方法有多种，如方差值最小法、极差值最小法、削高峰法等。其中最常用的优化方法一般采用方差值最小法和削高峰法（利用时差降低资源高峰值）。

三、费用优化

费用优化又称为施工工期成本优化或时间成本优化，旨在寻找最低的工期成本的计划。通常情况下，在寻求网络计划的最佳工期大于规定工期，或者在执行计划时需要加快施工进度时，需要进行工期与成本优化。

1. 工程费用与工期的关系

工程项目的总费用由直接费用和间接费用组成（图3-25）。

直接费用一般情况下是随着工期的缩短而增加的。施工方案不同，则直接费用不同，即使施工方案相同，工期不同，直接费用也不同。

间接费用是与整个工程有关的，不能或不宜直接分摊给每道工序的费用。间接费用一般与工程工期成正比，即工期越长，间接费用越多；工期越短，间接费用越低。

如果把直接费用和间接费用加在一起，必有一个总费用最少所对应的工期，这就是费用优化所寻求的目标。在考虑工程总费用时，还应考虑工期变化带来的其他损益，包括因拖延工期而罚款的损失或提前竣工而得的奖励，甚至也考虑因提前投产而获得的收益和资金的时间价值等。

工期与费用的关系如图3-26所示。图中工程成本曲线是由直接费曲线和间接费曲线叠加而成的。曲线上的最低点就是工程计划的最优方案之

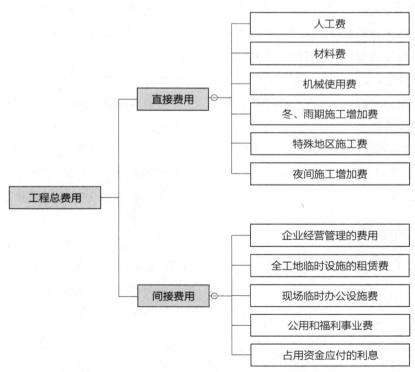

图3-25　工程总费用

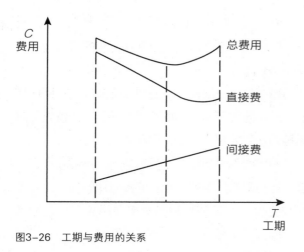

图3-26 工期与费用的关系

一，此方案工程成本最低，相对应的工程持续时间称为最佳工期。

（1）直接费曲线。直接费曲线通常是一条由左上向右下的下凹曲线，如图3-27所示。一般情况下，直接费曲线随着工期缩短而快速增加，在一定的范围内，两者成正比关系。若时间缩短，则施工速度加快，施工班组需要采用加班加点与多班作业，或者采用高价的施工方法和机械设备等，这时直接费用随之增加。

但当工作时间缩短到某一极限值时，无论增加多少直接费，工期也无法再缩短，这一极限值称为临界点，称为最短持续时间，此时费用称为最短时间直接费；反之，如果延长时间，则可减少直接费。然而时间延长至某一极限，则无论将工期延至多长，也不能再减少直接费。此极限称为正常点，此时的时间称为正常持续时间，此时的费用称为正

常时间直接费。

连接正常点与临界点的曲线，称为直接费曲线。直接费曲线实际并不像图中那样圆滑，而是由一系列线段组成的折线并且越接近最高费用（极限费用）其曲线越陡。为了计算方便，可以近似地将它假定为一条直线，如图3-27所示。将一些因为缩短工作持续时间（赶工）每一单位时间所需增加的直接费，简称为直接费用率，按下式计算：

$$\Delta C_{i\text{-}j} = \frac{CC_{i\text{-}j} - CN_{i\text{-}j}}{DN_{i\text{-}j} - DC_{i\text{-}j}}$$

式中：$\Delta C_{i\text{-}j}$——工作i–j的直接费用；

$CC_{i\text{-}j}$——将工作i–j持续时间缩短为最短持续时间后，完成该工作所需的直接费用；

$CN_{i\text{-}j}$——在正常条件下完成工作i–j所需的直接费用；

$DN_{i\text{-}j}$——工作i–j的正常持续时间；

$DC_{i\text{-}j}$——工作i–j的最短持续时间。

从公式中可以看出，工作的直接费用率越大，则缩短一个时间单位，相应增加的直接费就越多；反之，工作的直接费用率越小，则缩短一个时间单位，相应增加的直接费就越少。

每项施工计划（任务）都是由n个相互联系的工作所组成的，计划的直接费可以看成是组成该计划的全部工作的总直接费。实施每项工作往往有多个方案可供选择，各种方案对整个计划的直接费和工期的影响是不同的。因此，预先分析计划中各项工作的直接费与持续时间的关系是十分必要的，它是进行网络计划费用优化的前提条件。

①连续型变化关系。有些工作的直接费用随着工作持续时间的改变而改变。

例如，某工作经过计算确定其正常持续时间为15天，所需费用1500元，在考虑增加人力、材料、机具设备和加班的情况下，其最短时间为7天，而费用为1900元。

$$\Delta C_{i\text{-}j} = \frac{CC_{i\text{-}j} - CN_{i\text{-}j}}{DN_{i\text{-}j} - DC_{i\text{-}j}} = \frac{1900 - 1500}{15 - 7} = 50 (元/天)$$

通过计算可得出，每缩短一天的正常持续时

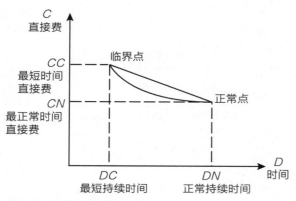

图3-27 时间与直接费的关系

间，其费用增加50元。

②非连续型变化关系。在一些工作中，直接费用与持续时间之间的关系是根据不同施工方案分别估算的。因此，介于正常持续时间与最短持续时间之间的关系不能用线性关系表示，无法通过数学方法计算，工作不能逐天缩短，在图上表示为几个点，只能在几种情况中选择一种，如图3-28所示。

（2）间接费曲线。是表示间接费用与时间成正比关系的曲线，通常用直线表示。其斜率表示间接费用在单位时间内的增加或减少值，间接费用与施

工单位的管理水平、施工条件、施工组织等有关。

2. 费用优化的方法与步骤

进行费用优化时，首先，在工期不同的情况下，求出对应的不同直接费用；其次，考虑相应的间接费用的影响，工期变化带来的其他损益；最后，通过叠加费用，求得不同工期对应的不同总费用。从而找出总费用最低所对应的最佳工期。费用优化应按下列步骤进行：

（1）按工作的正常持续时间确定关键线路、工期、总费用。

（2）按规定计算直接费用率。

（3）当只有一条关键线路时，应找出直接费用率最小的一项关键工作，作为缩短持续时间的对象；当有多条关键线路时，应找出组合直接费用率最小的一组关键工作，作为缩短持续时间的对象。

（4）缩短找出的关键工作或一组关键工作的持续时间，其缩短值必须符合不能压缩成非关键工作。缩短后，其持续时间不小于最短持续时间。

（5）计算相应的费用增加值。

（6）考虑工期变化带来的间接费及其他损益，在此基础上计算总费用。

（7）重复上述（3）～（6）步骤，一直计算到总费用最低为止。

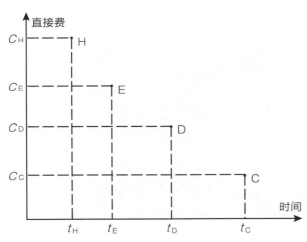

图3-28　非连续型变化关系

𝐑 补充要点

多级网络计划系统的编制方法

　　多级网络计划系统的编制必须采用自顶向下、分级编制的方法。

1. "自顶向下"是指编制多级网络计划系统时，应首先编制总体网络计划，然后在此基础上编制局部网络计划，最后在局部网络计划的基础上编制细部网络计划。

2. 分级的多少应视工程规模、复杂程度及组织管理的需要而定，可以是二级、三级，也可以是四级、五级。必要时还可以再分级。

3. 分级编制网络计划应与科学编码相结合，以便于利用计算机进行绘图、计算和管理。

第七节　网络施工管理软件

一、工程宝

　　乐建工程宝是江苏乐建网络科技有限公司（前身为苏州快云软件有限公司）针对工程施工行业打造的互联网+时代的新型办公平台，主要围绕工程行业行政办公、项目现场管理，连接施工企业与项目现场，平台涵盖了包括日志管理、计划总结、任务管理、审批流程、考勤记录、知识管理、项目管理、项目日志、项目文档、质量安全管理等内容。

　　2015年6月，乐建网络正式开始研发工程施工行业移动办公平台——乐建工程宝。同年12月，乐建工程宝正式在App Store上架，上架后一个月时间内，注册企业用户数即达到300家。这个数字也充分说明了，作为工程施工行业新型办公方式的代表，工程宝的出现，满足了工程施工行业对信息化建设的迫切需求。

　　工程宝是一款可在线使用的建筑装饰软件，同时，也可以在手机上登录，实时操作，与电脑数据同步，没有使用限制（图3-29～图3-35）。

图3-29　登录页面

图3-29：登录页面十分简洁，只需要手机号码注册即可使用，在注册中需要填写公司名称，或者直接加入公司已经建好的群组。

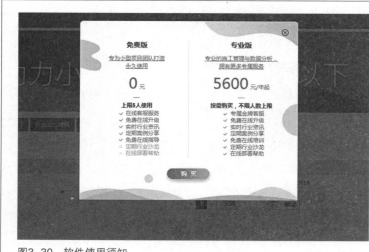

图3-30：企业可根据自己的实际情况来选择使用免费版还是专业版，免费版适合小型装饰施工公司，专业版适合体系成熟的大型装饰施工公司。

图3-30　软件使用须知

📖 补充要点

功能讲解

1. 企业高管：高效利用碎片化时间。

2. 计划总结：随手查阅员工的计划总结，方便快速。

3. 项目管理：全盘掌握项目情况。

4. 任务：下达任务责任到人，后者即时收到任务提醒。

5. 日志：随时查看员工每天的工作内容和状态。

6. 审批：移动在线审批，简化流程，快速高效。

图3-31　全部应用

图3-31：软件中可以使用以上全部功能，这些功能能够帮助企业管理者管理项目与员工，在一个软件内完成企业的项目工作，如日常巡检、质量与安全、工作汇报、审批、项目看板、合同与发票管理、考勤、施工日志、采购、库存、报表等，能满足日常工作需要。

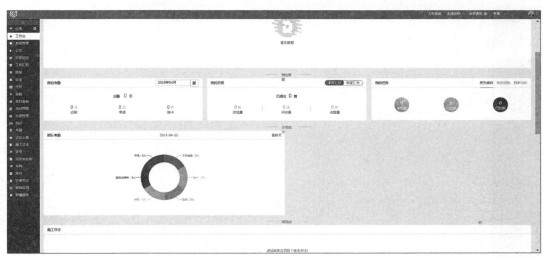

图3-32　工作台管理页面

图3-32：工作台管理页面可以看到自己本月（或本年度）的考勤与工作情况，是否存在迟到、早退、缺卡，工作待完成、延期等情况，页面一目了然，十分直观。

图3-33 系统管理页面

图3-33：系统管理是管理整个群组中的所有部门，部门划分十分详细，每一个加入进来的员工进入对应的部门。在这个组织框架中，主要执行者具有绝对权限，可以删减部门，添加员工等。

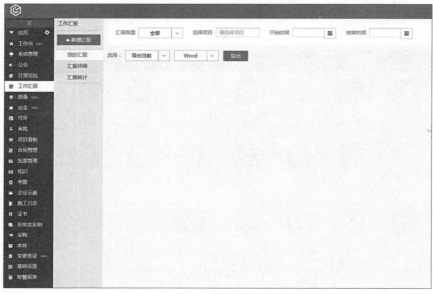

图3-34 工作汇报

图3-34：工作汇报分为汇报评阅与汇报统计，这两种形式的工作汇报都能够直接导出Word与Pdf文件，十分方便打印成纸质文件形式。

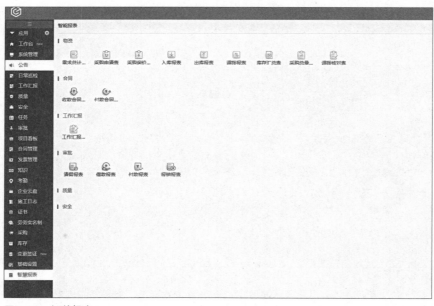

图3-35 智慧报表

图3-35：报表分为物资、合同、工作汇报、审批、质量、安全等，这几大类又被划分为多种类型的项目，从起草报表、汇总报表、审批报表到完成，整个流程十分清晰。

二、建钉

建钉——建筑与装饰类企业的现场管理，一款基于SAAS服务模式的移动管理平台。以工程项目管理为基础，施工过程管控为核心，帮助施工企业实现移动化管理，让工程管理更加轻松便捷。建钉隶属于杭州盯房科技有限公司，是一款服务于建筑施工方的移动管理平台，平台以建筑施工行业为切入点，开发了多项辅助建筑施工的功能板块。建钉App以工程项目管理为基础，施工过程管控为核心，帮助施工企业实现移动化管理，让工程管理更加轻松便捷。

建钉是一款以项目经理为核心的现场施工管理软件，项目经理拥有最高权限。工程施工中，通过建钉，可与集团公司、建设单位、合作单位、职能部门等多方联动。

1. 初始页面（图3-36）

2. 软件功能

（1）工程名录。项目经理按项目需求搭建公司内部管理、建设公司、合作单位等各层级用户的账号及操作管理权限，以满足施工管理、汇报检查等业务需要，同时工程名录也作为日常业务交流的通讯录。

（2）质量检查。日常检查过程中将发现的问题及整改情况通过手机拍照记录，实时提交汇总，方便管理层了解与管控施工情况。

（3）施工日志。施工班组可按施工节点或时间节点提交图文施工日志，管理层可实时了解项目施工情况，发现问题及时进行沟通、解决。

（4）资金记账。项目实施中涉及的每笔资金记

图3-36 初始页面

图3-36：软件的初始页面十分简洁，并配有办公场景的插图，非常有趣，相对于工程宝软件，建钉支持微信、QQ、微博等第三方账号登录，随后绑定手机号即可，无论是注册还是登录，都十分迅速。

录在案，便于项目经理对账核查，不仅可以查询各班组劳务费用，同时对采购合同进行备份。

（5）施工计划。上传项目整体施工计划，便于合作单位对施工进度的了解，及时调整己方的施工进度。

（6）工程签证。项目相关成员可一目了然地查看质量检查，安全检查，现场巡查的统计数据及整改情况。

3. 软件操作页面（图3-37、图3-38）

图3-37：手机操作界面十分简洁，右上方的扫一扫可以直接与电脑连通，可以将电脑上的图纸与模型上传到自己的模型库与图纸文件夹中，即使不在电脑旁，也能轻松实现看图。在手机客户端，由于界面展示面积有限，一部分功能被隐藏起来，点击"更多功能"即可看到软件包含的所有功能，用户可根据自己的使用需求来删减功能。

图3-37 操作页面

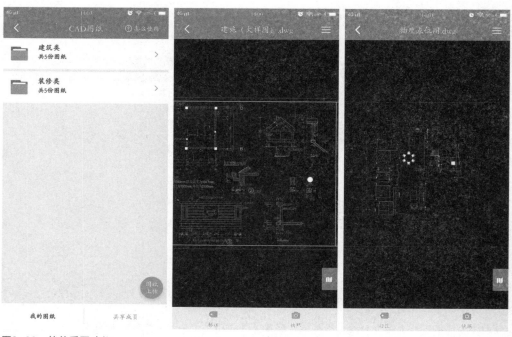

图3-38：软件自带了10款建筑类与装饰类标准图纸，打开图纸只需几秒钟即可，在速度上远远优于电脑，唯一不足之处是手机屏幕有限，看图纸受到一定限制。

图3-38 软件看图功能

三、工程帮

工程帮是一款覆盖了全国范围的工程项目软件，该软件帮用户筛选出各种重要的工程项目，帮助用户快速接取工程，拓展工作人脉，提升项目合作的成功率。工程帮是由天工网出品的App，专注为工程行业供应商、业务员、分包商等用户，提供及时、准确、全面的工程信息及工程人脉，让用户跑项目更轻松，签单更容易。

工程帮App是一款覆盖全国工程商机的客户端应用，可以筛选跟进合适的工程项目等重要商机，助力工程签单，扩展使用者的工作人脉，促进项目合作提高业务效率（图3-39）。

1. 我的商机

每天及时筛选合适跟进的工程信息、招标采购信息、项目进展动态等商机，轻松获得工程签单机会。

2. 人脉交流

当其他做工程的好友也在使用工程帮时，可从通讯录快速添加好友，随时与好友共享项目资源，在线互动交流，经营人脉。

3. 项目合作

经常发布工程动态，可受到好友和同城业务伙伴的关注，一起交流项目真实情况，提高业务效率。

4. 商机跟进

能够一键收藏优质项目，做笔记，设置日程提醒，方便高效地跟进商机和客户，不遗漏任何一个签单机会。

5. 品牌推广

加入天工优质供应商库，享受优先对接工程采购方，有助于树立品牌形象，拓展企业人脉关系。

图3-39　工程帮操作页面

图3-39：从操作页面可以看出，工程帮的互动性很强，有类似于微信一样的对话框、朋友圈功能，能够及时查看各种交流信息，跟踪项目的实时信息。

⑤ 本章小结

网络计划是以网络图为基础的计划模型。它最基本的优点就是能直观地反映工作项目之间的相互关系，使一项计划构成一个系统的整体，从而为实现计划的定量分析奠定了基础。本章重点讲解了网络计划、双代号网络计划、单代号网络计划、网络计划优化、网络管理软件等知识点。网络管理软件能够释放施工管理人员，以更加精确化的数据来管理建筑装饰施工工程。

⑫ 课后练习

1. 请简述网络技术对建筑装饰工程的作用。
2. 网络计划技术的编制流程有哪些？
3. 网络计划技术的原理是什么？
4. 网络计划可分为哪几类？
5. 工作持续时间如何表示？在单代号网络图与双代号网络图中如何表示？
6. 双代号网络图的组成要素有哪些？
7. 单代号网络图的工作总时差怎样计算，请举例说明。
8. 双代号网络绘制常用表示方法有哪几种？最便捷的是哪一种？

★ 思政训练

1. 从目前的市场来看，主流施工管理软件的优势与缺点有哪些？施工管理除了运用软件制定规程，还需要补充哪些思想层面的规程？
2. 如何利用网络技术来管理市政公益性建筑装饰工程施工？

第四章
建筑装饰工程施工组织设计

PPT 课件
（扫码下载）

» **学习难度：** ★★★★☆

» **重点概念：** 审批、施工方案、施工顺序、进度计划、需用量计划、工程概况

» **章节导读：** 建筑装饰工程施工组织设计，是工程项目施工的战略部署、战术安排，对项目施工起着控制、指导作用。建筑装饰工程施工组织设计，是装饰施工企业管理的重要内容。施工组织设计依靠其科学性、先进性达到控制、指导、高质量、高水平的按期完成工程任务，是企业经营管理延伸到生产第一线的经营管理。是企业赢得经济效益和社会效益的重要管理手段之一。施工组织设计编制水平及其实施水平，反映了一个装饰施工企业的经营管理水平。

第一节　建筑装饰工程施工组织设计概述

单位工程施工组织设计是以一个单位工程（一个建筑物或构筑物、一个交工系统）为对象，来指导其施工全部过程的施工技术、经济、组织的综合性文件。它是基层单位编制季度、月度施工作业计划，分部分项工程作业设计及劳动力、材料、施工机具等供应计划的主要依据。同时，施工组织设计是一项系统工程，它包含了施工组织学、工程项目管理学，而且与企业管理学、建筑经济技术学等相关的学科相关联。

一、单位工程施工组织设计的内容

对一个新建的建筑工程项目来说，建筑装饰工程施工仅属于整个工程的其中几个组成部分，如墙面装饰、门窗工程、楼地面工程等。在现代建筑装饰工程中，除上述几个组成部分之外，还包括建筑施工以外的一些装饰类项目，如家具、陈设、餐厨用具等，以及与之配套的水、电、暖、卫、空调工程。因此，建筑装饰单位工程施工组织设计的内容根据工程的特点，对其内容和深度、广度要求也不同，内容应简明扼要，使其能真正起到指导现场施工的作用。

建筑装饰单位工程施工组织设计的内容，一般包括：工程概况、施工方案、施工进度计划、各项资源需用量计划、施工平面图、消防安全文明施工及施工技术质量保证措施、成品保护措施等（图4-1）。

二、单位工程施工组织设计的审批

单位工程施工组织设计要根据《建筑施工组织设计规范》（GB/T 50502—2009）的要求进行编制和审批，并应符合下列规定：

（1）施工组织设计应由项目负责人主持编制，可根据需要分阶段编制和审批。

（2）施工组织总设计应由总承包单位技术负责人审批；单位工程施工组织设计应由施工单位技术负责人或技术负责人授权的技术人员审批；施工方案应由项目技术负责人审批；重点、难点分部（分项）工程和专项工程施工方案应由施工单位技术部门组织相关专家评审，施工单位技术负责人批准。

（3）由专业承包单位施工的分部（分项）工程或专项工程的施工方案，应由专业承包单位技术负责人或技术负责人授权的技术人员审批；有总承包单位时，应由总承包单位项目技术负责人核准备案。

（4）规模较大的分部（分项）工程和专项工程的施工方案，应按单位工程施工组织设计进行编制和审批。

经过施工承包单位审核合格的施工组织设计要向项目监理机构报送，经项目总监理工程师审核通过后才能使用。

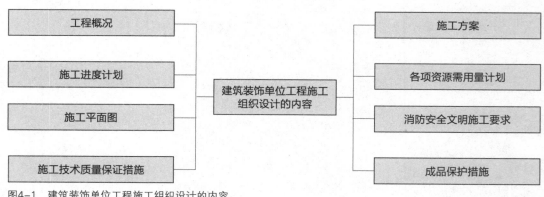

图4-1　建筑装饰单位工程施工组织设计的内容

Ⓡ 补充要点

建筑装饰工程的施工条件

　　主要说明装饰工程现场条件，材料成品、半成品，施工机械、运输车辆、劳动力配备和施工单位的技术管理水平，业主提供现场临时设施情况，以及装饰施工企业的生产能力、技术装备、管理水平、市场竞争能力和完成指标的情况、主要设备机具、特殊装饰材料的供应情况。

三、单位建筑装饰工程施工组织设计的编制依据

1. 工程项目的批文和有关要求

　　主管部门的批文和有关要求，主要是指上级主管部门对该工程的批示，包括：主管部门批准的装饰工程计划书，概预算指标和投资计划，分期分批交付使用的项目期限以及对建设工期、工程名称、采用技术、质量等级、全套施工图纸和对施工的要求等。

2. 施工组织总设计

　　如果单位建筑装饰工程是整个建筑装饰工程项目的一部分，则应当依据建筑装饰工程的施工组织设计中的总体部署以及与本工程有关的规定和要求，编制单位建筑装饰工程施工组织设计。

3. 企业的年度计划指标

　　企业的年度施工计划对本工程的安排和规定的各项指标。

4. 地质与气象资料

　　地质与气象资料即勘测设计、气象、城建等部门和施工企业对建设地区或建设地点提供和积累的自然条件与技术经济条件资料。如地上施工障碍物、地下施工障碍物、地形、地质、水准点、交通运输、水源、电源、气象、地下水、施工期间的最低和最高气温、雨量、暴雨后场地积水情况和排水情况等。

5. 供应情况

　　主要是材料、预制构件及半成品等的供应情况，包括主要装饰材料、构件、半成品的来源及供应情况，以及预制构件的运距及运输条件等。

6. 建设单位可提供的条件和劳动力、机械配备情况

　　如施工用地、水电供应、临时设施等。其中包括水源和水质，电源供应量以及是否需要单独设置变压器。

7. 相关规定

　　国家与施工单位的有关规定、规范、规程，以及各省、市、地区的操作规程和定额、工程使用的全套的施工图纸和定额手册。

四、单位建筑装饰工程施工组织设计的编制程序

　　单位建筑工程装饰施工组织设计的程序，是指单位建筑装饰工程施工组织设计的各个组成部分形成的先后顺序，以及相互之间的制约关系。根据装饰工程种类、工程的特点和现场的施工条件，编制的程序繁简不一，如图4-2所示。

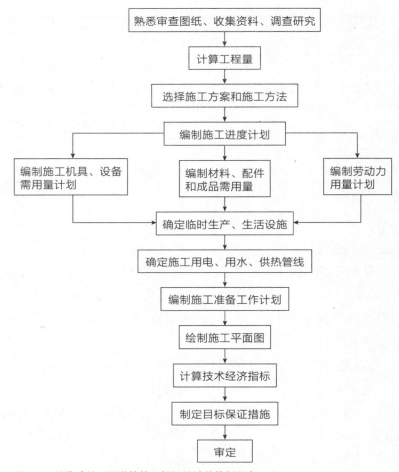

图4-2　单位建筑工程装饰施工组织设计的编制程序

第二节　建筑装饰工程的基本情况

一、什么是工程概况

工程概况是指施工工程项目的基本情况，主要针对工程的装饰特点，对拟建装饰工程的地点、特征和施工条件，结合施工现场的具体条件所做的一个统领性的文字介绍。编制工程概况的目的是找出关键性的问题加以说明，并对施工项目中的新材料、新技术、新工艺和施工重点、工艺难点进行分析研究。这是一个提出问题，解决问题的有效途径。

二、工程概况的主要内容

对建筑装饰工程概况的综合分析是选择施工方案，编制施工进度计划、资源需用量计划，设计施工平面图的前提。其主要内容包括表4-1几个方面。

通过以上的综合分析，在全面深入了解装饰工程基本情况的基础上，掌握工程施工的特点和施工的关键问题，以便在选择施工方案、编排施工进度计划和资源需用量计划时采取相应的有效措施进行统筹安排。

表4-1	工程概况的主要内容
序号	主要内容
1	拟装饰工程装饰的目的和意义的说明
2	拟装饰工程的建设单位
3	装饰工程的名称
4	装饰工程的地点
5	装饰工程的性质和用途
6	装饰工程的投资额
7	装饰工程的设计单位
8	装饰工程的施工单位
9	装饰工程的监理单位
10	装饰设计图纸情况以及施工期限
11	装饰工程所在地区的气候、气温、湿度
12	施工单位的管理水平，机具设备、劳动力、材料供应方式及来源
13	业主提供现场临时设施情况等

第三节　如何选择建筑装饰施工方案

一、选择施工方案的重要性

建筑装饰工程施工方案的选择是否合理，是决定整个建筑装饰工程施工组织设计成败的关键，因此，在选择建筑装饰施工方案时，一定要结合实际，认真研究，注意区分，选择合理的施工方案。建筑装饰施工方案选择的内容很多，概括起来主要有四个方面，即确定施工程序、确定施工起点流向、确定施工顺序和确定施工方法（图4-3）。

在进行施工方案选择的过程中，要注意两个方面的问题。第一，必须熟悉装饰工程的施工图纸，明确装饰工程的特点和施工任务的要求；第二，在熟悉图纸的情况下，正确进行技术经济比较的基础上，选择科学合理的建筑装饰工程施工方案。

在施工方案的选择过程中，首先，必须从实际出发，结合工程的特点，做好深入细致的调查研究工作，使方案具有可行性和针对性。其次，在确保工程质量和安全施工的基础上，施工期限要满足合同的要求，在合约规定的竣工期限内，必须保证能够准时竣工，并争取提前完成。最后，要采用正当、有效降低施工费用的措施，控制施工的成本。

二、确定施工程序

建筑装饰施工作为一个工程项目，必须要有整体的实施计划和程序，并科学的安排施工顺序，才能保证工程质量和工期。

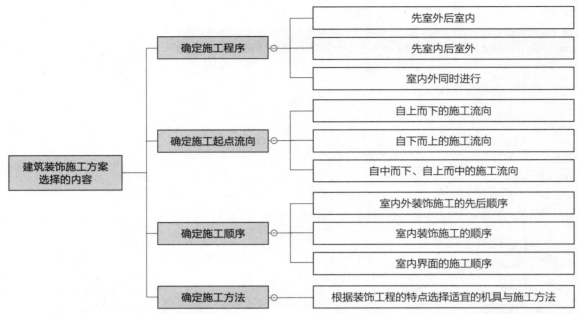

图4-3 建筑装饰工程施工方案选择的内容

1. 施工顺序

作为建筑装饰工程的施工程序，一般有先室外后室内、先室内后室外和室内外同时进行三种情况，而室内装饰的施工工序也较多，

2. 施工原则

一般的原则是：先里后外，即先基层处理，再做装饰构造，最后进行饰面装饰；先上后下，即先做顶棚，再做墙面，最后装饰地面。

选择施工的程序主要是依据装饰工程的工期、劳动力的配备和施工现场的实际条件来综合考虑。对于工期较长的新建工程来说，可以根据情况选择先室内后室外，或者先室外后室内的施工程序，工期较短的装饰工程一般采用室内外同时进行的施工程序。

三、确定施工起点流向

施工起点流向是指单位装饰工程在平面和空间上施工的开始部位及流动方向。它将涉及一系列施工活动的展开和进程，是组织施工的重要环节。根据装饰工程项目规模的不同，在施工起点流向的确定上也会呈现不同的方法。对于高层和多层建筑，需要确定每层平面上的施工流向及其层间或单元空间上的施工流向，而单层建筑只需确定出分段施工在平面上的施工流向。建筑装饰工程施工起点流向通常有以下几种方案。

1. 自上而下的施工流向

室内装饰工程自上而下的施工方案是指在主体结构封顶，屋面防水层做好以后，从顶层开始，逐层向下进行装饰施工工程。这种起点流向又有水平向下和垂直向下之分（图4-4）。

（1）优势。主体结构完成以后，有一定的沉降时间，沉降趋于稳定，屋面防水层已做好，可以防止屋面漏水而影响室内装饰的质量，同时可以避免各工序之间的交叉干扰，便于组织施工。

（2）劣势。工期长，要等主体结构完工后才能进行装饰施工。

2. 自下而上的施工流向

自下而上的施工流向是指主体结构施工到一定

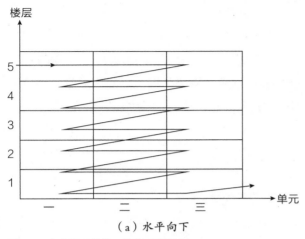

（a）水平向下

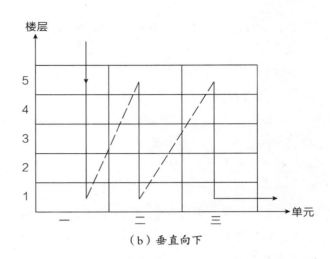

（b）垂直向下

图4-4 自上而下的施工流向示意图

楼层（一般是3层）以上时，室内装饰从底层开始逐层向上的施工流向，可分为水平向上和垂直向上两种形式（图4-5、图4-6）。

（1）优势。室内装饰施工与主体结构平行搭接，工期短。

（2）劣势。但各工序之间交叉作业，组织施工难度增大，影响质量和安全的因素增多。

3. 自中而下、自上而中的施工流向

自中而下，再自上而中的施工流向是指多层或高层建筑中，当主体结构施工到一半时，室内装饰施工从中间开始逐层向下进行。在主体结构封顶，

屋面防水层做好之后，再从顶层开始，逐层向下进行至中间层；也可分为水平向上和垂直向上两种形式。这种施工起点流向综合了前两种施工流向的优缺点，主要适用于多层或高层建筑的装饰工程施工。

四、确定施工顺序

装饰工程的施工顺序是指分部（分项）工程施工的先后次序，主要包括室内外装饰施工、室内装饰施工和室内界面的施工顺序。在确定施工顺序的过程中必须要遵循施工的总程序，符合施工

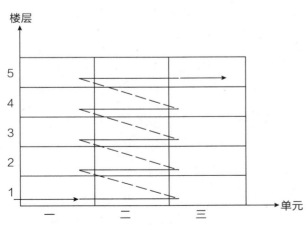

图4-5 自下而上的施工流向示意图（水平向下）

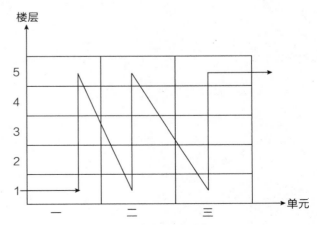

图4-6 自下而上的施工流向示意图（垂直向下）

工艺、质量安全等要求，并充分考虑气候条件的影响。

1. 施工顺序

一般而言，室内、室外装饰施工的先后顺序主要有先内后外、先外后内和内外同时进行三种形式。室内装饰施工工序多、劳动量大、工期长。因此，确定好室内装饰施工的顺序非常关键。

首先是抹灰、饰面、吊顶和隔断工程施工；其次是门窗和玻璃工程施工；再次是涂料及隔断罩面板的安装工程施工；最后是裱糊工程施工。

2. 界面处理方式

对于室内同一房间的不同界面的处理，有两种形式：一是先地面，后墙面和顶棚；二是先顶棚，后墙面和地面。室内装饰工程的一般施工顺序如图4-7所示。

五、确定施工方法

1. 选择施工方法

建筑装饰工程施工方法的选择，首先，应着重考虑影响整个建筑装饰工程施工的重要部分，对不

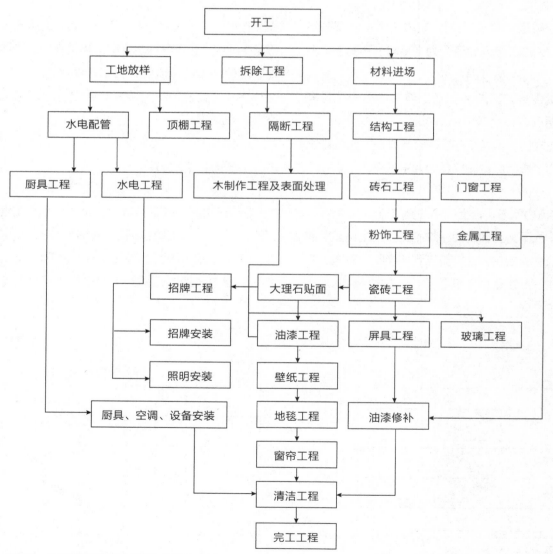

图4-7　室内装饰工程的一般施工顺序示意图

熟悉或特殊的施工方法应作重点要求；其次，应有施工详图，注意内外装饰工程施工顺序，特别是应安排好湿作业、干作业、管线布置、吊顶等的施工顺序。接着，要明确提出样板制度的具体要求，如哪些材料做法需做样板、哪些房间需作为样板间。最后，对材料的采购、运输、保管也应进行明确的规定，便于现场操作，对常规做法和工人熟悉的装饰工程，只需提出应注意的特殊问题。

2. 选择施工机具

选择施工方法，必然要选择相应的施工机具。使用合适的施工机具，可以提高施工的效率，保证施工的进度和质量。选择施工机具时，要根据装饰工程的特点选择适宜的机具，在同一施工现场的，应尽可能地选择种类和型号少的、一机多能的综合性机具，以便于维护和管理；同时还要考虑建筑结构的特征和充分发挥机具本身的能力。

▨ 补充要点

正确选择小型机具

建筑装饰工程施工所用的机具，除垂直运输和设备安装以外，主要是小型电动工具，如电锤、冲击电钻、电动曲线锯、型材切割机、风车锯、电刨、云石机、射钉枪、电动角向磨光机等。在选择施工机械时，要从以下几个方面进行考虑：

1. 选择适宜的施工机械以及机械型号。如涂料的弹涂施工（图4-8、图4-9）。

2. 一机多能的综合性机械。在同一装饰工程施工现场，应力求使装饰工程施工机械的种类和型号尽可能少一些选择，便于机械的管理。

3. 应注意采用与机械配套的附件。如风车锯片有三种，应根据材料厚度配备不同的锯片，云石机具片可分为干式和湿式两种，根据现场条件选用。

图4-8 手动式弹涂器
图4-8：当弹涂面积小或局部进行弹涂施工时，宜选择手动式弹涂器。

图4-9 电动式弹涂器
图4-9：电动式弹涂器工效高，适用于大面积彩色弹涂施工。

第四节　建筑装饰施工进度计划的编制

建筑装饰工程施工进度计划是在确定了建筑装饰工程施工方案和施工方法的基础上，根据规定工期和技术物资的供应条件，按照各施工过程的工艺顺序，统筹安排各项施工活动进行编制的。

一、施工进度计划的概念

施工进度计划是施工方案在时间上的具体反映，其理论依据是流水施工原理，主要采用横道图或网络图的形式体现。它的任务是为各施工过程指明一个确定的施工日期，并以此为依据确定施工作业所必需的劳动力和技术物资的供应计划。

1. 施工进度计划的表现形式（表4-2）

施工进度计划的表现形式有横道图和网络图两种，已在第二章节中进行了详细讲解，这两种图能够反映和表达施工计划安排。横道图绘制简单，信息易懂，但不能全面地反映出整个施工活动过程中各工序之间的联系和相互依赖与制约的关系，使人们抓不住工作的重点，不知如何降低成本。网络图虽然克服了横道图的不足，但网络图没有时标，不直观，看不出各工序的开工、竣工时间，而且绘制复杂。

施工进度计划的横道图主要由左右两部分组成，左边部分反映拟装饰工程所划分的施工项目、工程量、劳动量和机械的台班量、工作班数、施工人数以及各施工过程的持续时间等计算内容；右边部分则用水平线段反映各施工过程的施工进度和搭接关系，其中的每一格可以代表一天或若干天，如表4-3所示。

2. 施工进度计划的具体表现

单位建筑工程施工进度是施工组织设计的重要内容，是控制各分部分项工程施工进度的主要依

表4-2　　　　　　　　　　　　　施工进度计划的分类

名称	内容	
总进度计划	总进度计划一般包括总进度网络计划和总进度计划横道图及其编制说明；在总进度网络计划图中，反映了项目施工工序的最早和最迟开工、完工日期，每道工序之间的逻辑关系，关键线路、关键日期和里程碑，也反映了各工序所需资源	
外部进度计划	必须提交审批的计划，即承包商与业主、监理工程师共同进行控制的计划，称之为外部进度计划	
内部进度计划	进度计划（单位工程进度计划、季度计划、月计划、周进度计划）	在建项目各项目经理部内部所用的一系列便于实施和控制的计划，称之为内部进度计划
	资源使用计划	
	资金使用计划	

表4-3　　　　　　　　　　　　　单位工程施工进度计划

序号	施工项目	工程量		定额	劳动量		需要机具		工作天数	施工进度（天）								
		单位	数量		工种	人数	名称	数量		3月								
										1	3	5	7	9	11	13	15	17

据，也是编制季度、月度施工作业计划及各项资源需用量计划的依据。施工进度计划的作用主要表现在以下几个方面：

（1）确定装饰工程各个工序的施工顺序及需要的施工持续时间。

（2）组织协调各工序之间的衔接、穿插、平行搭接、协作配合等关系。

（3）指导现场施工安排，控制施工进度和确保施工任务的按期完成。

若装饰工程为新建项目，其施工进度计划应在总进度计划规定的工期控制范围内来编制；若为改造工程时，则应在合同规定的工期范围内来编制，从而使整个装饰工程在施工进度计划的控制范围内组织施工。

3. 施工进度计划的分类

根据装饰工程施工项目划分的粗细程度，可分为指导性计划和控制性计划两类（表4-4）。

表4-4　施工进度计划的分类

名称	内容	适用工程
指导性进度计划	指导性进度计划按分项工程或施工过程来划分施工项目，具体确定各施工过程的施工时间及其相互搭接、相互配合的关系	这种进度计划适用于任务具体明确、施工条件基本落实、各项资源供应正常、施工工期不太长的装饰工程
控制性进度计划	控制性进度计划按照分部工程来划分施工项目，控制各分部工程的施工时间及其相互搭接、相互配合的关系	这种进度计划适用于工程比较复杂、规模较大、工期较长的装饰工程；还适用于工程不复杂、规模不大但各项资金不落实的情况

补充要点

施工进度计划的作用

建筑装饰单位工程施工进度计划的编制有助于装饰施工企业领导抓住关键，统筹全局，合理地布置人力、物力，正确地指导施工生产顺利进行，有利于职工明确工作任务和责任，更好地发挥创造精神；有利于专业的及时配合，协调组织施工。若装饰工程为新建工程，其施工进度计划应在建筑工程施工进度计划规定的工期控制范围内编制；若为改造项目时，应在合同规定的工期内进行编制，以确保装饰工程在施工进度计划范围内组织施工。

1. 施工进度计划是控制工程施工进程和工程竣工期限等各项装饰工程施工活动的依据。

2. 确定装饰工程各个工序的施工顺序及需要的施工持续时间。

3. 为制定各项资源需用量计划和编制施工准备工作计划提供依据。

4. 指导现场施工安排，控制施工进度和确保施工任务的按期完成。

5. 组织协调各个工序之间的衔接、穿插、平行搭接、协作配合等关系。

6. 反映了安装工程与装饰工程的配合关系。

7. 施工进度计划是施工企业计划部门编制月度、季度计划的基础。

二、施工进度计划的编制

1. 施工进度计划的编制依据

（1）装饰工程施工组织总设计和施工项目管理目标要求。

（2）拟装饰工程施工图和工程计算资料。

（3）施工方案。

（4）施工预算。

（5）工期定额。

（6）预算定额。

（7）施工定额。

（8）施工现场条件及资源供应情况。

（9）工期要求。

2. 施工进度计划的编制程序（图4-10）

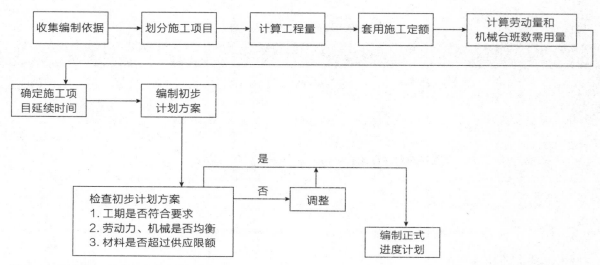

图4-10　建筑装饰工程施工进度的编制程序

補 补充要点

施工进度计划的编制原则

1. 合理安排施工顺序。保证在劳动力、物资以及资金消耗量最少的情况下，按规定工期高质量完成施工任务。

2. 采用合理的施工组织方法。使装饰工程的施工保持连续、均衡、有节奏地进行。

3. 根据工程所在区域的自然条件和技术经济条件，因地制宜地布置施工活动。

第五节　施工进度计划编制的步骤和方法

一、施工进度计划编制的主要步骤

1. 划分施工项目

施工项目是进度计划的基本组成单元，包括一定工作内容的施工过程。在编制施工进度计划时，一方面应根据图纸和施工顺序将拟建建筑装饰单位工程的各个施工过程列出；另一方面结合施工方法、施工条件、劳动力组织等因素加以适当调整，使之成为编制施工进度计划所需的施工项目。

施工项目划分的一般要求和方法如下：

（1）明确施工项目划分的内容。应根据施工图纸、施工方案和施工方法，确定拟建工程可划分成哪些分部分项工程，明确其划分的范围和内容。应将一个比较完整的工艺过程划分成一个施工过程，如油漆工程、吊顶工程、墙面装饰工程等。

（2）掌握施工项目划分的粗细。施工项目划分的粗细程度应根据进度计划的需要来决定，对于一般控制性施工进度计划，其施工项目可以粗一些，通常只列出施工阶段及各施工阶段的分部工程名称；对指导性施工进度计划，其施工项目的划分可细一些，特别是其中主导工程和主要分部工程，尽量做到详细、具体、不漏项，以便于掌握施工进度，起到指导施工的作用。

（3）划分施工过程要考虑施工方案和施工机械的要求。由于建筑装饰工程施工方案的不同，施工过程的名称、数量、内容也不相同，而且也影响施工顺序的安排。

（4）适当合并施工项目。一些次要的施工过程应并到主要的施工过程中，如门窗工程可以合并到墙面装饰工程中（图4-11～图4-13）。

（5）水、电、暖、卫等专业工程的划分。水、电、暖、卫和设备安装等专业工程不必细分具体内容，由各个专业施工队自行编制计划并负责组织施工（图4-14、图4-15）。

图4-11　门窗油漆

图4-12　家具油漆

图4-13　墙面油漆

图4-11～图4-13对于在同一时间内由同一施工班组施工的过程可以合并，如门窗油漆、家具油漆、墙面油漆等均可并为油漆一项。

图4-14　水路工程安装

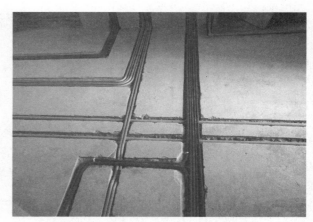

图4-15　电路工程安装

图4-14、图4-15水路工程安装与电路工程安装可划分为一个施工项目，两者可以同时施工，或者按照一前一后的施工顺序，划分过于细致，反而增添工作流程。

图4-16　暖气工程安装

图4-17　卫浴工程安装

图4-16、图4-17暖气工程安装与卫浴工程安装在施工进度计划中，只要反映出工程与装饰工程的配合关系即可，不需要进行多次分项。

（6）抹灰工程应按分合结合的要求。多层建筑的内、外抹灰应分别根据情况列出施工项目，内外有别，分合结合（图4-18、图4-19）。

（7）区分直接施工与间接施工。直接在拟建装饰工程的工作面上施工的项目，经过适当合并后均应列出。不在现场施工而在拟建装饰工程工作面之外完成的项目。例如各种构件在场外预制及其运输过程，一般可不必列项，只要在使用前运入施工现场即可。

2. 计算工程量

当确定了施工过程后，应计算每个施工过程的工程量。工程量应根据施工图纸、有关资料、工程量计算规则、施工方法来计算。其次，若编制计划时已经有预算文件，则可以直接利用预算文件中的有关工程量数据。其实就是按工程的几何形状进行计算。

计算时应注意以下几个问题：

（1）工程量的计量单位。

（2）各分部分项工程量的计量单位应与现行装饰工程施工定额的计量单位一致，以便计算劳动量和机械数量时直接套用定额。

（3）工程量计算应结合选定的施工方法和安全技术要求，使计算所得工程量与施工实际情况相符合。

图4-18 室内抹灰

图4-18：室内的各种抹灰，一般来说要分别列项，如楼地面（包括踢脚线）抹灰、顶棚及地面抹灰、楼梯间及踏步抹灰等，以便组织安排指导施工开展的先后顺序。

图4-19 室外抹灰

图4-19：外墙抹灰工程根据施工要求，可能存在若干种装饰抹灰的做法，但一般情况下合并为一项，如有石材干挂等装饰可分别列项。

（4）结合施工组织的要求，分区、分段、分层计算工程量，以便组织流水作业层，每段上的工程量相等或相差不大时，可根据工程量总数分别除以层数、段数，可得每层、每段上的工程量。因为进度计划中的工程量仅是用来计算各种资源需用量，不作为计算工资或工程结算的依据，故不必进行精确计算。

（5）正确取用预算文件中的工程量，如已编制预算文件，则施工进度计划中的施工项目大多可直接采用预算文件中的工程量，可按施工过程的划分情况，将预算文件中有关项目的工程量汇总。

3．套用施工定额

确定了施工过程、工程量和施工方法，即可套用施工定额（当地实际采用的劳动定额及机械台班定额），以确定劳动量和机械数量。

施工定额有时间定额和产量定额两种形式。时间定额是指某种专业、某种技术等级工人在合理的技术组织条件下，完成单位合格产品所必需的工作时间。它是以劳动工日数为单位，便于综合计算，故在劳动量统计中用得比较普遍。

产量定额是指在合理的技术组织条件下，某种专业、某种技术等级工人在单位时间内所完成的合格产品的数量。它以产品数量来表示，具有形象化的特点，故在分配任务时用得比较普遍。时间定额和产量定额互为倒数关系，即：

$$H_i = \frac{1}{S_i} \quad 或 \quad S_i = \frac{1}{H_i}$$

式中：S_i——某施工过程采用的产量定额（m^3／工日、m^2／工日、m／工日、kg／工日）；

H_i——某施工过程采用的时间定额（工日／m^3、工日／m^2、工日／m、工日／kg）。

有些采用新技术、新材料、新工艺或特殊施工方法的施工过程，定额中尚未编入，这时可参考类似施工过程的定额、经验资料，按实际情况确定。

> **ℝ 补充要点**
>
> 在套用国家或当地颁布的定额时，必须注意结合本单位工人的技术等级、实际操作水平、施工机械情况和施工现场条件等因素，确定定额的实际水平，使计算出来的劳动量、机械数量符合实际需要。

4. 计算劳动量及机械数量

确定工程量采用的施工定额，即可进行劳动量及机械数量的计算。根据各分部分项工程的工程量、施工方法和有关主管部门颁发的定额，并参照装饰施工单位的实际情况，计算各施工项目所需要的劳动量和机械数量。一般应按下式计算：

$$P_i = \frac{Q_i}{S_i} \text{ 或 } P_i = Q_i \cdot H_i$$

式中：P_i——完成某施工过程所需要的劳动量（工日）或机械数量（台班）；

Q_i——某施工过程的工程量（m^3、m^2、m、kg）；

S_i——该施工过程采用的产量定额（m^3/工日、m^2/工日、m/工日、t/工日）；

H_i——该施工过程采用的时间定额（工日/m^3、工日/m^2、工日/m、工日/t）

二、计算施工进度计划编制的方法

计算各施工过程的持续时间的方法有三种，分别是经验估算法、定额计算法和倒排计划法。

1. 经验估算法

在施工过程中，当遇到新技术、新材料、新工艺等无定额可循的工种时，可采用经验估算法。即根据过去的施工经验并按照实际的施工条件来估算项目的施工持续时间。

经验估算法也称三时估算法，即先估计出完成该施工过程的最乐观时间、最悲观时间和最可能时间三种施工时间，再根据下列公式计算出该施工过程的延续时间：

$$m = \frac{a + 4c + b}{6}$$

式中：m——该项目的施工持续时间；

a——工作的乐观（最短）持续时间估计值；

b——工作的悲观（最长）持续时间估计值；

c——工作的最可能持续时间估计值。

2. 定额计算法

定额计算法是根据施工过程需要的劳动量或机械数量，以及配备的劳动人数或机械台数，确定施工过程持续时间。其计算公式如下：

$$t = \frac{Q}{RSN} = \frac{P}{RN}$$

式中：t——某施工过程施工持续时间（小时、日、周等）；

Q——某施工过程的工程量（m、m^2、m^3等）；

P——某施工过程所需的劳动量或机械数量（工日、台班）；

R——某施工过程所配备的劳动人数或机械数量（人、台）；

S——产量定额；

N——每天采用的工作班制（1～3班制）。

在应用上述公式时必须先确定施工班组的人数、机械台班数和工作班制。施工班组人数确定时需考虑最小劳动力组合人数、最小工作面和可能安排的工人人数等因素，以达到最高的劳动生产率。与施工班组人数确定情况相似，在确定机械台数时，也应考虑机械生产效率、施工工作面、可能安排台数及维修保养时间等因素。一般情况下，当工期允许、劳动力和机械周转使用不紧张、施工工艺上无连续要求时，可采用一班制施工。当工期较紧或为了提高施工机械的周转，或工艺上要求连续施工时，某些施工过程可考虑两班或三班制进行施工。

3. 倒排计划法

倒排计划法是根据规定的工程总工期及施工方法、施工经验，先确定各分部分项工程的施工持续时间，再按各分部分项工程所需的劳动量或机械数量，计算出每个施工过程的施工班组所需的工人人数或机械台班数。其计算公式如下：

$$R = \frac{P}{Nt}$$

式中：R——某施工过程所配备的劳动人数或机械

数量;

P——某施工过程所需的劳动量或机械数量;

N——每天采用的工作班制;

t——某施工过程施工持续时间。

一般情况下,计算时按一班制考虑。如果计算出的每天所需的施工人数、机械台数超过了本单位的现有数量或不能满足最小工作面的要求,则应根据具体情况(施工现场条件、工作面的大小、最小劳动力组合等)在技术和组织上采取积极主动的措施,如组织平行立体交叉流水施工、某些施工过程采用多班制施工。如工期太紧,施工时间不能延长,也可考虑多班组、多班制施工。

第六节 各项资源需用量计划

建筑装饰单位工程施工进度计划确定以后,根据施工图样、工程量计算资料、施工方案、施工进度计划等有关技术资料,着手编制劳动力需要量计划,各种主要材料、成品和半成品运输量计划及各种施工机械的需用量计划。根据施工进度计划编制的各种资源需求量计划,是做好各种资源的供应、调度、平衡、落实的依据,也是施工单位编制月、季生产作业计划的主要依据之一。

一、劳动力需用量计划

按照施工准备工作计划、施工总进度计划和主要分部分项工程进度计划,结合实际工程量套用概算定额或经验资料计算所需的劳动力人数,依此可编制主要劳动力需用量计划,使劳动力消耗做到基本均衡,以避免调动频繁而窝工。同时,要提出解决劳动力不足的有关措施,加强调度管理。装饰工程工种复杂、分工较细、工人技术水平要求高,应根据工程的具体情况选择合适的施工队伍,并组织技术培训。劳动力需用量计划表的形式,见表4-5。

二、主要材料需用量计划

主要材料需用量计划是备料、供料和确定仓库、堆场面积及运输量的依据,它是根据施工预算、材料消耗定额和施工进度计划编制的。对于建筑装饰工程,其所需物资的品种多、花样繁杂,许多物资并不能从市场直接购进,而需从全国各地,甚至国外的厂家直接订购。因此,主要材料需用量计划对装饰工程施工的顺利进行起着非常重要的作用(表4-6)。

表4-5　　　　　　　　　　　　　　　　劳动力需用量计划表

序号	工种名称	需要人数（最高峰）	2019 年				现有人数	人数多余	人数不足
			季度一	季度二	季度三	季度四			

表4-6　　　　　　　　　　　　　　　　主要材料需用量计划

序号	材料名称	规格	需用量		进场时间	备注事项
			单位	数量		

三、主要材料、成品、半成品运输量计划

建筑装饰工程中所使用的材料、成品、半成品，其体积各异，计算方法也不同（吨、件、块、立方米），运输方式有多种，如铁路、公路、空运、海运等。运输总量中应考虑不可预见系数，如建筑垃圾运输量，由于施工地点、施工场地及施工条件不同，运输班次及时间应慎重考虑，若在大中城市繁华地区可能只有夜间方可外运。

高层建筑装饰工程还应考虑垂直运输间距，根据材料的体积、长宽、质量及运输工具（电梯、提升架等）的性能，合理安排垂直运输工作。主要材料、成品、半成品运输量计划见表4-7。

四、主要施工机具、设备需用量计划

根据施工部署、施工方案、施工总进度计划、主要工种工程量和主要材料、成品、半成品运输量计划，确定垂直运输、水平运输并计算其需用量，编制主要施工机具、设备需用量计划，提出解决的办法和进场日期。对于建筑装饰单位工程施工所用的中小型机具、手持电动机具，由建筑装饰单位工程施工组织设计考虑。计划中所用的机具、设备应注明电动机功率，以便考虑供电容量。主要施工机具、设备需用量计划见表4-8。

表4-7　　　　　　　　　　　　　主要材料、成品、半成品运输量计划表

序号	主要材料、成品、半成品名称	单位	数量（吨）	运输距离（km）			运输量／（t·km）	运输方式			备注
				装货点	卸货点	距离		水路	公路	铁路	

表4-8　　　　　　　　　　　　　　主要施工机具、设备需用量计划表

序号	设备名称	规格型号	功率	数量			购置价格	使用时间	备注
				单位数	需用数	库存数			

五、大型临时设施需用量计划

在考虑大型临时设施计划时，应本着尽量利用已有工程为装饰施工服务的原则，根据施工部署、施工方案和各种资源需用量计划考虑所需的一切生产和生活临时设施（包括生产、生活用房、临时道路、临时用水、用电和供热系统等）。当建筑装饰工程与主体结构工程同时施工时，尽量利用主体结构工程施工中的大型临时设施，如卷扬机、搅拌机、水泥库、各类材料仓库等，以节省费用。大型临时设施需用量计划见表4-9。

表4-9　　　　　　　　　　　　　　大型临时设施需用量计划

序号	设备名称	规格型号	功率	数量	费用	使用时间	装备时间	作业方式		备注
								陆地	高空	

第七节　施工平面图设计

施工平面图是建筑装饰施工的依据，是根据拟建装饰工程的规模、施工方案、施工进度及施工生产中的需要，结合现场的具体情况和条件，对施工现场做出的规划和布置。将此规划和布置绘制成图，即建筑装饰工程的施工平面图。绘制施工平面图一般采用1：200～1：500的比例。

一、施工平面图的设计依据

1. 施工图

根据总平面图确定临时建筑物临时设施的平面位置，考虑如何利用现有的管道，不增加其他的管道路线。若临时设施存在影响施工的问题，应当采取解决措施。

2. 施工资料

包括工程的施工方案、施工方法和施工进度计划。根据这些资料，来确定施工进度计划；确定材料、机具的进场时间和堆放场所。

3. 建筑装饰工程性质

对于改造装饰工程或局部装饰工程，由于可利用的空间较小，应根据具体情况妥善安排布置；如果建筑装饰工程为新建工程，充分利用土建施工平面图，在其基础上做适当调整、补充即可。

4. 原始资料

包括建筑物所处的生产生活基地情况、地理位置、气候条件、交通运输条件、供水供电条件等。根据这些条件，来确定易燃易爆品仓库的位置、临时用生产和生活设施的布置场所，需防水、防冻材料的堆放场所。

二、施工平面图的设计内容

建筑装饰工程施工平面图的内容与装饰工程的

性质、规模、施工条件、施工方案有着密切的关系。在设计时要结合实际情况进行。具体包括以下内容：

（1）一切拟建和在建的永久性建筑物，地上、地下管线。

（2）测量放线标桩、渣土及垃圾堆放场地。

（3）垂直运输设备、脚手架的平面位置。

（4）施工用的一切临时设施，包括各类加工厂，建筑装饰材料、成品、半成品、水电、暖卫材料、设备等的仓库与堆场，行政管理和文化生活福利用房，临时给水、排水管线，供电线路、供热、通风、压缩空气管道、安全防火设施等。

三、施工平面图的设计原则

1. 符合劳动保护和环保要求

2. 有利于生产、生活

临时设施的布置不要影响项目的施工，还要节省施工人员在生活区与施工区的往返时间，在保证安全的前提下，居住区距离施工区要尽量近。

3. 尽量降低临时设施的修建费用

充分利用已有的场地或房屋、管线布置、道路设施，减少拆除、移动其他项目为临时设施让路。

4. 满足防水和技术安全的要求

在规划布置临时设施时，对具有可燃性材料的仓库、加工厂等设置必要的消防设施。

5. 尽量降低运输费用

材料半成品、成品仓库尽可能靠近使用地点，保证运输方便，减少二次搬运带来的费用消耗。

四、施工平面图的设计步骤

1. 起重运输机械的布置

起重运输机械的位置直接影响搅拌机位置、加工厂、半成品材料仓库、运输路线、临时水电设施、管线布置等，因此，它是施工现场全局布置的中心环节，应首先确定。

2. 加工厂及各种材料堆场、仓库的布置

（1）加工厂的布置。木材、钢筋、水电等加工厂的位置应设计在建筑物附近，周边有空置的场地可形成材料堆场，方便材料加工。石灰及淋灰池可根据情况布置在砂浆搅拌机附近。沥青灶应选择较空的场地，远离易燃品仓库和堆场，并布置在下风向。

（2）仓库及堆场的布置。仓库及堆场的面积通过计算来确定，然后再根据各个阶段的施工需要及材料使用的先后顺序进行布置。同一场地可供多种材料或构件使用。

> **补充要点**
>
> **仓库及堆场的布置要求**
>
> 1. 仓库的布置。水泥仓库应选择地势较高、排水方便、靠近搅拌机的地方。各种易燃、易爆品仓库的布置应符合防火、防爆安全距离的要求。木材、钢筋、水电器材等仓库，应与加工棚结合布置，以便就地取材。
>
> 2. 材料堆场的布置。各种主要材料，应根据其用量的大小、使用时间的长短、供应及运输情况等研究确定。凡用量较大、使用时间较长、供应及运输较方便的材料，在保证施工进度与连续施工的情况下，均应考虑分期分批进场，以减少堆场或仓库所需面积，达到降低耗损、节约施工费用的目的。应考虑先用先堆，后用后堆，有时在同一地方，可以先后堆放不同的材料。

3. 现场运输道路布置

布置单位工程场内临时运输道路应遵循以下原则和要求：

（1）现场运输道路应按照材料和构件运输的需要，沿着仓库和堆场进行布置，尽量做到运输路线可直达仓库门口。

（2）尽可能利用永久性道路或先做好永久性道路的路基，在交工之前再铺路面。

（3）道路宽度要符合相关规定，一般情况下，单行道应不小于3～3.5m，双行道应不小于5.5～6m。

（4）现场运输道路布置时，应保证车辆行驶通畅，车辆可以回转的可能，否则极易发生拥堵。因此，最好围绕建筑物布置成一条环形道路，便于运输车辆回转、调头。若无条件布置成一条环形道路，应在适当的地点布置回车场。保证运输通畅，运输道路保持两个以上的出口，道路末端设计回车场。

（5）道路两侧一般应结合地形设置排水沟，沟深不小于0.4m，底宽不小于0.3m。

4. 办公、生活和服务性临时设施布置

（1）在布置时，应考虑到施工人员使用方便，不妨碍项目施工，符合安全、防火的要求。

（2）通常情况下，办公室的布置应靠近施工现场，宜设在工地出入口处，方便施工员、监理人员随时监察施工情况；工人休息室应设在工人作业区附近，减少往返时间；员工宿舍应布置在安全的上风方向，减少施工带来的噪声、空气污染；门卫、收发室宜布置在工地出入口处，减少与项目无关人员进入到施工重地，造成不必要的安全隐患。

（3）要尽量利用已有设施或已建工程，必须修建时要经过计算，合理确定面积，努力节约临时设施费用。

5. 施工供水管网布置

（1）施工用的临时给水管。一般由建设单位的干管或自行布置的给水干管接到用水地点。布置时应力求管网总长度最短。管径的大小和龙头数目的设置需视工程规模大小通过计算确定。管道可埋于地下，也可铺设在地面上，以当时当地的气候条件和使用期限的长短而定。

（2）工地内要设置消火栓。消火栓距离建筑物不应小于5m，也不应大于25m，距离路边不大于2m。条件允许时，可利用城市或建设单位的永久消防设施。

（3）修建临时蓄水池。为了防止水的意外中断，可在建筑物附近设置简单蓄水池，储存一定数量的生产和消防用水。当水压不足时，须设置高压水泵或抽水设施。

6. 施工供电布置

（1）供电设施的范围。为了维修方便，施工现场一般采用架空配电线路，且要求现场架空线与施工建筑物水平距离不小于10m，与地面距离不小于6m，跨越建筑物或临时设施时，垂直距离不小于2.5m。

（2）线路规范布置。现场线路应尽量架设在道路一侧，且尽量保持线路水平，以免电杆受力不均。在低压线路中，电杆间距应为25～40m，分支线及引入线均应由电杆处接出，不得由两杆之间接线。

（3）单位工程施工用电，应在全工地施工总平面图中一并考虑。若属于扩建的单位工程，一般计算出在施工期间的用电总数，提供建设单位解决，不另设变压器。只有独立的单位工程施工时，才根据计算出的现场用电量选用变压器。变压器或变压站的位置应布置在现场边缘高压线接入处，四周用铁丝网围住。变压器不宜布置在交通要道路口。

⊞ 补充要点

施工总平面图管理

　　施工总平面图设计完成后，就应认真贯彻其设计意图，发挥其应有作用，因此，现场对总平面图的科学管理是非常重要的，否则难以保证施工的顺利进行。

1. 建立统一的施工总平面图管理制度。划分总平面图的使用管理范围，做到责任到人，严格控制材料、构件、机具等物资占用的位置、时间和面积，不准乱堆乱放。

2. 对水源、电源、交通等公共项目实行统一管理。不得随意挖路断道，不得擅自拆迁建筑物和水电线路，当工程需要断水、断电、断路时要申请，经批准后方可着手进行。

3. 对施工总平面布置实行动态管理。在布置中，由于特殊情况或事先未预料到的情况需要变更原方案时，应根据现场实际情况统一协调，修正其不合理的地方。

4. 做好现场的清理和维护工作。经常检修各种临时性设施，明确负责部门和人员。

五、施工总平面图绘制

1. 确定图幅大小和绘图比例

图幅大小和绘图比例应根据工程项目的规模、工地大小及布置内容多少来确定。在一般施工图中，图幅一般可选用1～2号图纸，常用比例为1：1000或1：2000。

2. 合理规划和设计图面

施工总平面图除了要反映施工现场的布置内容外，还要反映施工场地的周围环境。因此，在绘图时，应合理规划和设计图面，并应留出一定的空余图面，用来绘制指北针、图例及文字说明等。

3. 绘制总平面图的相关内容

将现场测量的方格网、现场内外已建的房屋、构筑物、道路和拟建工程等，按正确的内容绘制在图面上。

4. 绘制工地需要的临时设施

根据施工布置要求及计算面积，将道路、仓库、材料加工厂和水、电管网等临时设施绘制到图面上。对一些较为复杂的工程，必要时可采用模型布置，这种方式比图纸更具直观性。

5. 形成施工总平面图

在进行各项布置后，经分析比较、调整修改，形成施工总平面图，并做必要的文字说明，标上图例、比例、指北针。完成的施工总平面图比例要正确，图例要规范，线条要粗细分明，字迹要端正，图面要整洁美观（图4-20）。

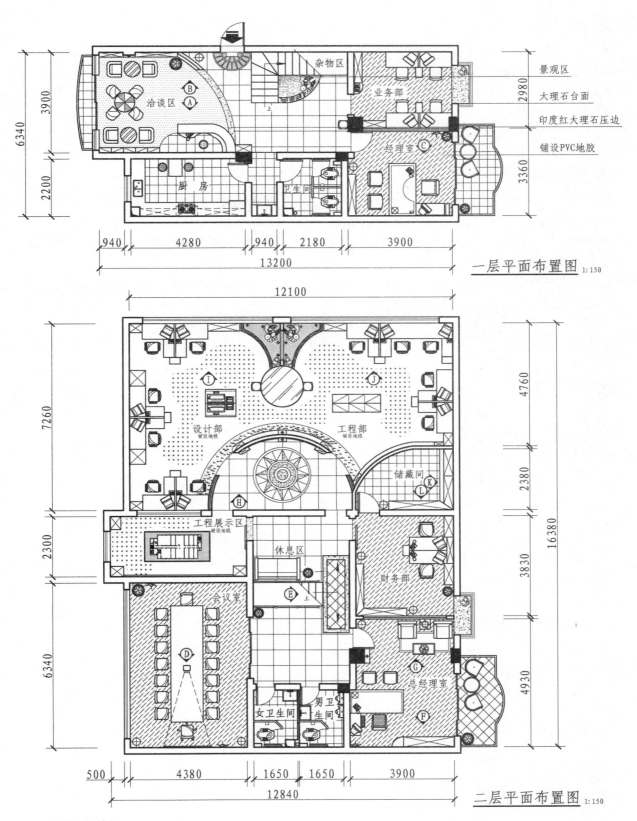

一层平面布置图 1:150

二层平面布置图 1:150

图4-20 平面图绘制

本章小结

本章主要讲解了建筑装饰施工组织设计的概念、进度计划、进度计划编制、各项资源需用量计划、施工平面图设计。其中，施工进度是建筑装饰施工组织设计的重要内容，在控制施工进度时，安全生产、保证质量是首要原则，在施工中要做到准时开工、竣工，保障建筑装饰项目施工能够顺利进行。

课后练习

1. 请简要概述建筑装饰工程施工组织设计。
2. 单位建筑装饰工程施工组织设计的编制依据是什么？
3. 建筑装饰施工进度计划应当如何编制？
4. 施工进度计划编制的主要步骤有哪些？
5. 如何确定建筑装饰施工方案，需要遵循哪些流程？
6. 在建筑装饰施工中，主要材料需用量应该怎样计划？
7. 建筑装饰施工应当如何选择施工顺序，顺序错乱会造成什么后果？
8. 如何计算建筑装饰施工中的劳动力需用量？
9. 请简要概述施工进度计划对建筑装饰施工组织设计的意义。

★ 思政训练

1. 请分析在对建筑装饰施工组织设计中，审批者的功能作用是什么？
2. 说明在建筑装饰施工组织设计中，基层党、团组织的核心领导作用。

第五章

建筑装饰工程施工项目管理

PPT 课件
（扫码下载）

» 学习难度：★★★★★

» 重点概念：项目管理、验收、进度、监测、文明施工、信息管理、软信息

» 章节导读：工程项目管理是一个复杂的过程，建筑装饰工程公司如何以项目为核心，提高工程质量，保证工程进度，降低工程成本，提高经济效益，是事关建筑装饰工程公司生存和发展的关键。在项目施工过程中，管理活动贯穿整个过程，因此，项目管理作为建筑装饰施工中的监管环节，关系着施工质量、竣工验收、安全保障等问题。

第一节　项目管理概述

一、建筑装饰施工项目管理的概念及特征

施工项目是指建筑装饰工程施工企业自建筑装饰工程施工投标开始，到保修期满为止的全过程中完成的项目。施工项目管理是指建筑装饰工程施工企业运用系统的观点、理论和科学技术，以施工项目经理为核心的项目经理部，通过计划、组织、监督、控制、协调等，对施工项目全过程的管理。施工项目管理是工程项目管理中历时最长、涉及面最广、内容最复杂的一种管理工作。其管理的主体、任务、内容和范围与工程项目管理有着根本的差别。

建筑装饰工程作为一个工程项目的从属部分，具有独立的施工条件，属于单位工程或多个分部工程的集合，是施工项目，但不是工程项目。因此，从严格意义上讲，建筑装饰工程项目管理就是建筑装饰工程施工项目管理，具有施工项目管理的特征。具体表现如下。

1. 管理的主体

建筑装饰工程项目的管理主体是建筑装饰企业，建设单位（业主）和设计单位都不能进行施工项目管理，由业主或监理单位进行的工程项目，管理中涉及的装饰施工阶段管理仍属于建设项目管理，不能作为建筑装饰工程项目管理。

2. 管理的对象

建筑装饰工程项目管理的对象是建筑装饰工程施工项目，项目管理的周期也就是装饰工程施工项目的生命期，是从项目开始到项目结束这中间的期限。

3. 管理的协调性

建筑装饰工程项目管理要求强化组织协调工作。装饰施工项目生产活动的特殊性、施工周期性、人员流动性、项目一次性、资金多等特点，决定了建筑装饰工程项目管理中的组织协调工作最为艰难、复杂、多变，必须通过强化组织协调的办法才能保证项目顺利进行。

二、建筑装饰施工项目的管理过程

建筑装饰工程施工项目管理是指由装饰施工企业对可能获得的施工项目开展工作。施工项目管理的全过程包括：投标签约；施工准备；施工；验收、交工与竣工结算；售后服务等5个阶段（图5-1）。

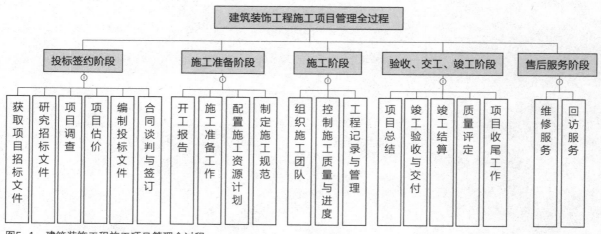

图5-1　建筑装饰工程施工项目管理全过程

三、施工项目管理的内容

项目管理的内容应体现出企业管理层和项目管理层对参与项目的管理。在项目管理的过程中，都应体现出计划、实施、检查、处理的持续改进过程。项目管理应包括以下内容，如表5-1所示。

四、施工项目管理的程序

首先，编制项目管理规划大纲、编制投标书并进行投标，签订施工合同。选定项目经理，项目经理接受企业法定代表人的委托组建项目经理部，企业法定代表人与项目经理签订"项目管理目标责任书"。

其次，项目经理部编制"项目管理实施规划"，进行项目开工前的准备，施工期间按"项目管理实施规划"进行管理，在项目竣工验收阶段进行竣工结算，清理各种债权债务、移交资料和工程，进行技术经济分析，做出项目管理总结。

再次，报告报送企业管理层有关职能部门，由企业管理层组织考核委员会，对项目管理工作进行考核评价并兑现"项目管理目标责任书"中的奖惩承诺。最后，项目管理合格，项目经理部解体。在保修期前，企业管理层根据"工程质量保修书"的约定进行项目回访保修。

表5-1　　　　　　　　　　　　　　项目管理的内容

序号	管理内容	序号	管理内容
1	编制项目管理规划大纲	10	项目技术管理
2	编制项目管理实施规划	11	项目资金管理
3	项目进度控制	12	项目合同管理
4	项目质量控制	13	项目信息管理
5	项目安全控制	14	项目现场管理
6	项目成本控制	15	项目机械设备管理
7	项目人力资源管理	16	项目组织协调
8	项目材料管理	17	项目考核评价
9	项目竣工验收	18	项目回访保修

第二节　现场项目管理

一、施工项目现场管理的概念

现场施工管理是建筑装饰施工企业为完成建筑装饰产品的施工任务（整个管理时间为项目施工开始到项目工程验收交工的全过程），围绕施工现场和施工对象进行的生产事务的组织管理工作。其目的在于充分利用施工现场的条件，发挥各施工要素的作用，保持各方面工作的协调性，使施工能正常进行，并按时、按质提供建筑装饰产品。

二、施工项目现场管理的内容

1. 合理规划用地

按照施工总平面图的设计，在施工地块上应按照要求使用土地面积，不可随意更改土地性质与土地用途。

2. 在施工组织设计中科学地进行施工总平面设计

在施工总平面图上，临时设施、大型机械、材料堆场、物资仓库、构件堆场、消防设施、道路及进出口、加工场地、水电管线、周转使用场地等，都应各得其所有利于安全和环境保护，有利于节约，便于工程施工。

3. 加强现场的动态管理

不同的施工阶段，施工的需要不同，现场的平面布置也应进行调整。

4. 加强施工现场的检查

现场管理人员，应经常检查现场布置是否按平面布置图进行，是否符合各项规定，是否满足施工需要，还有哪些薄弱环节，从而为调整施工现场布置提供有用的信息，也使施工现场保护相对稳定，不被复杂的施工过程打乱或破坏。

5. 建立文明的施工现场

6. 及时清场转移

施工结束后，项目管理班子应及时组织清场，将临时设施拆除，剩余物资退场，组织向新工程转移，以使整治规划场地，恢复临时占用土地，不留后患。现场要做到自产自清、日产日清、工完场清的标准。

三、建筑装饰工程施工作业计划

施工作业计划是计划管理中最基本的环节，是实现年季度计划的具体行动计划，是指导现场施工活动的重要依据。

1. 施工作业计划编制的依据

（1）企业年、季度施工进度计划。

（2）企业承揽与中标的工程任务及合同要求。

（3）各种施工图纸和有关技术资料、单位工程施工组织设计。

（4）各种材料、设备的供应渠道、供应方式和进度。

（5）工程承包组的技术水平、生产能力、组织条件及历年达到的各项技术经济指标水平。

（6）施工工程资金供应情况。

2. 施工作业计划编制的内容

施工作业计划一般主要是指月度施工作业计划，其主要内容有编制说明和施工作业计划表。

（1）编制说明的主要内容有编制依据、施工队组的施工条件、工程对象条件、材料及物资供应情况、有何具体困难或需要解决的问题等。

（2）月度施工作业计划表。

①主要计划指标汇总表（表5-2）。

②施工项目计划表（表5-3）。

③主要实物工程量汇总表（表5-4）。

④施工进度表（表5-5）。

⑤劳动力需用量（表5-6）。

⑥主材需用量表（表5-7）。

⑦大型施工机械设备需用量表（表5-8）。

表5-2 　　　　　　　　　　　　　　　　　计划汇总表

指标名称	单位	合计			按单位分列				
		上月实际完成	本月实际完成	本月比上月提升（%）	工程处	加工厂	机械运输处	水电核算处	……

表5-3　　　　　　　　　　　　　　　　　　　项目计划表

| 建设单位名称 | 结构 | 层次 | 开工时间 | 竣工时间 | 面积（m²） | | 上月进度 | 本月进度 | 工作量／万元 | |
					施工	竣工			总计	自行

表5-4　　　　　　　　　　　　　　　　工程量汇总表（单位：m²）

项目名称	吊顶面积	墙柱面	楼地面	门窗安装	油漆涂刷	灯具安装	其他项目
1队							
2队							
3队							
合计							

表5-5　　　　　　　　　　　　　　　　　　　施工进度表

序号	工程项目名称	单位	工程量	单价	工作量	工程内容与进度

表5-6　　　　　　　　　　　　　　　　　　　劳动力需用量表

工种	计划天数	实际天数	出勤率	计划人数	实际人数	缺少人数	备注

表5-7　　　　　　　　　　　　　　　　　　　主材需用量表

建设单位名称	材料名称	规格型号	单位	数量	计划供应时间	实际供应时间	备注

表5-8　　　　　　　　　　　　　　大型施工机械设备需用量表

| 机械名称 | 规格 | 使用单位工程名称 | 数量 | 计划台班产量 | 计划台班数 | 计划供应 | | 实际供应 | | 备注 |
						数量	起止日期	数量	起止日期	

四、施工项目现场管理的准备工作（图5-2）

1. 项目组织准备

组织准备是在项目施工的基础上，建立经营和指挥机构，或者其他的职能部门，并配备一定的专业管理人员。大、中型工程应成立专门的施工准备工作部门，为开展具体的施工做准备工作。对于不需要单独组织项目经营指挥机构和职能部门的小型工程，则应明确规定各职能部门有关人员在施工准备工作中的职责，形成相对非独立的施工准备工作班组。有了合理的组织机构和有效的人员分工，施工准备工作才能有条不紊地进行，才能保证现场施工顺利进行。

2. 项目技术准备

（1）向建设单位和设计单位调查了解项目的基本情况，获取有关技术资料。

（2）对施工区域的自然条件进行调查。

（3）对施工区域的社会条件进行调查。

（4）对施工区域的技术经济条件进行调查。

（5）编制施工组织设计和工程预算。

3. 项目物资准备

物资准备的目的是为施工全过程创造必要的物质条件。主要有以下内容：

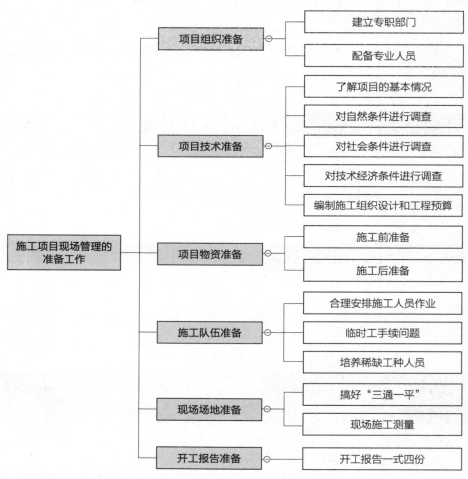

图5-2　施工项目现场管理准备工作

（1）施工前，应及早办理物资计划申请和订购手续，组织预制构件、配件和铁件的生产或订购，调配机械设备等，为准时开工做好一切准备工作。

（2）施工后，应抓好进场材料、配件和机械的核对、检查和验收，场内材料运输调度、材料的合理堆放，做好材料的修旧利废等工作。

4. 施工队伍准备

（1）按计划分期分批组织施工队伍进场，合理安排施工人员作业。

（2）对于临时施工人员，应办理好临时工、合同工的招收手续。

（3）根据施工要求，按计划培训施工中所需的稀缺工种、特殊工种的工人。

5. 现场场地准备

（1）搞好"三通一平"，即路通、电通、水通，平整、清理施工场地。

（2）现场施工测量。对拟装修工程进行抄平、定位放线等。

6. 开工报告准备

当各项工作准备就绪后，由施工承包单位提出开工报告，等批准后，工程才能开工（表5-9）。开工报告一式四份，送公司审批后，公司留存一份，退回三份，格式可参照建筑工程开工申请报告的表格样式填写。

🔒 补充要点

建筑装饰施工项目质量控制的原则

　　对建筑装饰施工项目而言，质量控制就是为了确保合同、规范所规定的质量标准，所采取的一系列检测、监控措施、手段和方法。在进行建筑装饰施工质量控制过程中，应遵循以下几项原则：

1. 坚持"质量第一，用户至上"。社会主义商品经营的原则是"质量第一，用户至上"。建筑装饰产品作为一种特殊的商品，建筑装饰项目在施工中应自始至终地把"质量第一，用户至上"作为质量控制的基本原则。

2. "以人为核心"。人是质量的创造者，质量控制必须"以人为核心"，把人作为控制的动力，调动人的积极性、创造性；增强人的责任感，树立"质量第一"观念；提高人的素质，避免人的失误，以人的工作质量保工序质量，促进工程质量。

3. "以预防为主"。"以预防为主"就是要从对质量的事后检查把关，转向对质量的事前控制和事中控制；从对产品质量的检查，转向对工作质量的检查、对工序质量的检查、对中间产品的质量检查。这是确保建筑装饰施工项目质量的有效措施。

4. 坚持质量标准，严格检查，一切用数据说话。质量标准是评价产品质量的尺度，数据是质量控制的基础和依据。产品质量是否符合质量标准，必须通过严格检查，用数据说话。

5. 贯彻科学、公正、守法的职业规范。建筑装饰施工企业的项目经理，在处理质量问题过程中，应尊重客观事实，尊重科学，要正直、公正，不持偏见；遵纪、守法，杜绝不正之风；既要坚持原则、严格要求、秉公办事，又要实事求是、以理服人、热情帮助。

表5-9 开工报告编写格式

××建筑装饰工程开工报告

建设单位		施工单位	
工程名称		工程地点	
设计单位		建筑结构	
建筑面积		工程总造价	

工程内容与开工条件简要说明：
1. 施工图纸上的所有内容；
2. 水电路已通，场地已平整完毕；
3. 施工组织设计、相关人员已到位；
4. 施工设施、施工环境准备到位；
5. 请相关单位审查，批准开工。

建设单位意见：

计划开工日期：		年　月　日	计划竣工日期：		年　月　日

建设单位	监理单位	施工单位
（公章）： 现场代表（签名）：	（公章）： 总监理工程师（签名）：	（公章）： 项目负责人（签名）：

五、项目现场管理的基本要求

1. 管理要求

场容是指施工现场的面貌，尤其是施工主现场，包括入口、围护、场内道路、堆场的整齐清洁，也应包括办公室内环境及现场人员的行为。首先，要创造清洁整齐的施工环境，达到保证施工的顺利进行和防止事故发生的目的；其次，通过合理地规划施工用地，分阶段进行施工总平面设计。要通过场容管理与生产过程其他管理工作的结合，达到现场管理的目的；最后，场容管理还应当贯穿到施工结束后的清场。

施工结束后应将地面上施工遗留的物资清理干净。现场不做清理的地下管道，除业主要求外一律切断供应源头。凡业主要求保留的地下管道，应绘成平面图交付业主，并做交接记录。

2. 保护要求

建筑现场施工的特殊性，决定着建筑产品生产过程中对环境的实质侵害，因此，在建筑装饰工程施工过程中，管理者必须高度重视施工对环境的破坏，应保护环境减少伤害。

对于项目经理部而言，在施工的过程中，应当遵守国家有关环境保护的法律规定，认真分析生产过程对环境的影响因素，并采取积极有效的措施，控制施工过程中制造出的各种粉尘、废气、废水、固体废物以及噪声、振动对环境的污染和危害。

（1）合理处理泥浆水和生产污水。严禁未经处理的含油、泥的污水直接排入城市排水设施和河流，对环境资源造成危害。

（2）应尽量避免采用在施工过程中产生有毒、有害气体的建筑材料，特殊需要时，必须设置符合规定的装置，否则不得在施工现场熔融沥青，或者焚烧油毡、油漆以及其他会产生有毒有害烟尘和恶臭气体的物质。

（3）严厉禁止将有毒有害废弃物用作土方回填。

（4）采取有效措施控制施工过程中的扬尘。

（5）对于高空作业产生的废弃物，应使用密封式的圆筒或者采取其他措施处理。

（6）对产生噪声、振动的施工机械，应采取有效控制措施、减轻噪声污染。

（7）由于受技术、经济条件限制，对环境的污染不能控制在规定范围内的，建设单位应当会同施工单位，事先报请当地人民政府建设行政主管部门、环境保护行政主管部门获取批准，方可执行。

3. 现场消防与保安要求

消防与保安是现场管理最具风险性的工作，工程项目管理有关单位必须签订消防保卫责任协议，明确各方职责，统一领导，有措施、有落实、有检查。对一些有特殊要求的现场施工项目，应制订应急计划。

（1）施工现场布置与工程施工过程中的消防工作，必须符合《中华人民共和国消防法》的规定。要建立消防管理制度，设置符合要求的消防设施，并保持设备处于正常施工状态。

（2）施工现场除施工设置必需的照明设施外，还必须设有保证施工安全要求的夜间照明。另外，高层建筑应设置楼梯照明和应急照明。

（3）现场必须安排消防车出入口和消防通道、紧急疏散通道等，并设置明显的消防标志或指示牌。

（4）施工现场设置固定的出入口，保安要把好出入关卡的重任，不容许非施工人员进入施工现场。保安担负着现场安全保卫工作，担负着现场防火和现场物资保护等重任。

4. 卫生防疫要求

卫生防疫是涉及施工现场人员身体健康和生命安全的大事，防止传染病和食物中毒事故的发生，这是施工方的义务和责任，应在承发包合同中明确说明。

现场应备有医疗设施，在醒目位置张贴有关医院和急救中心的电话号码，制订必要的防暑降温措施，进行消毒和疾病预防工作。食堂卫生必须符合《中华人民共和国食品卫生法》，以及其他有关卫生管理规定的要求。

5. 文明施工要求

（1）通常要求做到主管挂帅，系统把关，普遍检查，建立规章制度；责任到人，落实整改措施，严明奖惩。

（2）施工现场入口处应竖立有施工单位标志及现场平面布置图。

（3）要求职工遵守的施工现场规章制度、操作规范、岗位责任制及各种安全警示标志应公开张贴于施工现场明显的位置上。

（4）各次施工现场管理检查及奖惩结果应及时公布于众。

（5）现场材料构件堆放整齐，并留有通道，便于清点、运输和保管。

（6）施工现场、设备应经常清扫、清洗，做到自产自清、日产日清、完工清场。

（7）现场食堂、生活区要保持干净、整洁、无污物、无垃圾。

（8）采取有效措施降低粉尘、噪声、废气、废水、污水等对环境的污染，符合国家、地区和行业有关环境保护的法律、法规和规章制度。

（9）参加施工的各类人员都要保持个人卫生、仪表整洁，同时还要注意精神文明、杜绝打架、赌博、酗酒等行为的发生。

6. 施工现场综合考评要求

为加强建设工程施工现场管理，提高施工现

场的管理水平，实现文明施工，确保工程质量和施工安全，项目经理部应主动接受当地建设主管部门对工程施工现场管理的检查与考核。对于综合考评达不到合格的施工现场，主管考评工作的建设行政主管部门可根据责任情况，向建筑业企业或业主、监理单位以及项目经理部等相关单位提出警告、降级、取消资格、停工整顿等相应的处罚。

六、项目现场管理的意义

施工项目现场管理十分重要，它是施工单位项目管理水平的集中体现，是项目的镜子，能反映出项目经理部乃至建筑业企业的面貌；是进行施工的舞台；是处理各方关系的焦点；是连接项目其他工作的纽带。综上所述，现场管理是通过对施工场地的合理安排使用和管理，保证生产的顺利进行，减少污染，保护环境，达到各方满意。

R 补充要点

项目现场管理的主要任务

1. 贯彻当地政府的有关法令，向参建单位宣传现场管理的重要意义，提出现场管理的具体要求，进行现场管理区域的划分。

2. 组织定期和不定期的检查，发现问题时，要求采取改正措施限期改正，并进行改正后的复查。

3. 进行项目内部和外部的沟通，包括与当地有关部门及其他相关方的沟通，听取他们的意见和要求。

4. 协调施工中有关现场管理的事项。

5. 在业主或总包商的委托下，有表扬、批评、培训、教育和处罚的权力和职责。

6. 有审批动用明火、停水、停电，占用现场内公共区域和道路的权力等。

第三节　现场施工进度管理

施工进度的监测贯穿于建筑装饰计划实施的全过程，是实施进度控制的基础工作，也是调整施工计划的重要依据。监测就是在进度计划实施过程中，在建立数据采集系统的前提下，相关人员收集实际施工进度资料，进行整理和统计分析，进行实际进度和计划进度之间的比较，看是否出现进度偏差的过程。施工进度监测的系统过程如图5-3所示。

一、跟踪检查实际施工进度

跟踪检查的主要工作是定期收集与工程实际进度的有关数据，根据检查的数据来监测实际的施工进度。跟踪检查的时间、方式、内容和收集数据的质量，将直接影响进度控制工作的质量和效果。因此，检查的数据要十分精准，不完整或不正确的进度数据将导致判断不准确或决策失误，导致施工进度延误等问题。

检查时间与施工项目的类型、规模、施工条件等都会影响执行进度。一般情况下，可分为日常检查与定期检查。

1. 日常检查

日常检查是每日进行检查，采用施工记录或施工日志的方法记载下来。

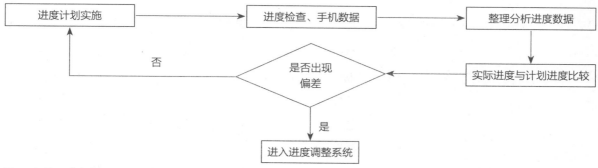

图5-3　施工进度监测系统过程

2．定期检查

定期检查一般与计划安排的周期和召开现场会议的周期相一致，可以每月、每半月、每旬或每周检查一次。当施工中遇到天气、资源供应等不利因素的严重影响时，检查的时间间隔可临时缩短。

3．施工进度计划的检查内容

（1）检查工程量的完成情况。

（2）检查工作时间的执行情况。

（3）检查资源使用及与进度保证的情况。

（4）检查前一期进度计划检查提出的问题的整改情况。

二、整理与统计检查数据

对于收集到的施工实际进度数据，要进行必要的整理，并按计划控制的工作项目内容进行统计；要以相同的量纲和形象进度，形成与计划进度具有可比性的数据。一般可以按实物工程量、工作量和劳动消耗量以及累计百分比，整理和统计实际检查的数据，以便与相应的计划完成量进行对比分析。

三、分析进度偏差的影响（图5-4）

1．分析出现进度偏差的工作是否为关键工作

如果出现偏差的是关键工作，则必然对后续工作和总工期产生影响。因此，这时必须采取相应的调整措施，防患于未然；如果出现偏差的是非关键工作，也不可掉以轻心，这时需要分析进度偏差值与总时差和自由时差的关系。

2．分析进度偏差是否超过总时差

如果偏差值大于该工作的总时差，势必会对后续工作和总工期产生影响，必须采取相应的调整措施，避免因偏差值影响接下来的施工计划；如果偏差值未超过该工作的总时差，则不影响总工期，至于对后续工作的影响程度，还需要分析进度偏差值与自由时差的关系。

3．分析进度偏差是否超过自由时差

如果工作偏差值大于该工作的自由时差，则对其后续工作产生影响，因此，这时应根据后续工作的限制条件来确定调整方法；如果偏差值未超过该工作的自由时差，则对后续工作没有较大的影响，因此，原计划不受影响，可不作调整。

4．工期及相关计划的失误

（1）计划时遗漏了部分必需的功能或工作。

（2）计划值（例如计划工作量、持续时间）不足，相关的实际工作量增加。

（3）资源或能力不足，例如计划时没考虑到资源的限制或缺陷，没有考虑如何完成工作。

（4）出现了计划中未能考虑到的风险或状况，未能使工程实施达到预订的效率。

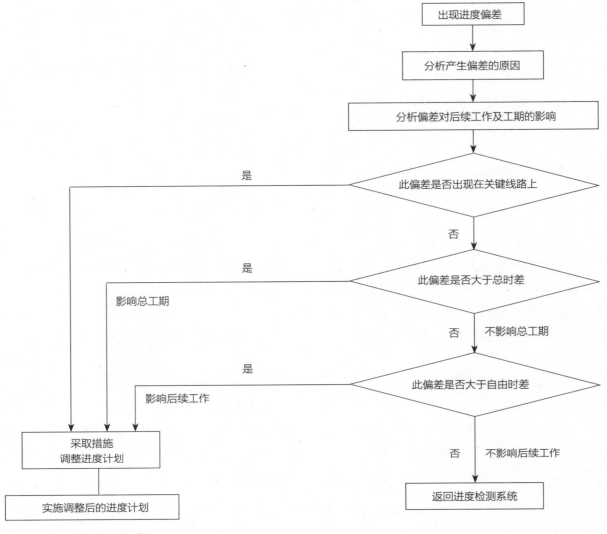

图5-4　施工进度调整系统过程

（5）在现代工程中，上级（业主、投资者、企业主管）常常在一开始就提出很紧迫的工期要求，使承包商或其他设计人、供应商的工期太紧，而且许多业主为了缩短工期，常常压缩承包商的做标期和前期准备的时间。

5. 工程条件的变化

（1）工作量的变化。可能是由于设计的修改、设计的错误、业主的新要求、项目目标的修改及系统范围的扩展造成的。

（2）外界（如政府、上层系统）对项目的新要求或限制。设计标准的提高可能造成项目资源的缺乏，使工程无法及时完成。

（3）环境条件的变化。工程地质条件和水文地质条件与勘查设计不符，如地质断层、地下障碍物、软弱地基、溶洞，以及恶劣的气候条件等，都对工程进度产生影响，造成临时停工或破坏。

（4）发生不可抗力事件。实施中如果出现意外的事件，如战争、内拒付债务、工人罢工等政治事件，地震、洪水等严重的自然灾害，重大工程事故、试验失败、标准变化等技术事件，通货膨胀、分包单位违约等经济事件，都会影响工程进度计划。

6. 管理过程中的失误

（1）计划部门与实施者之间，总分包商之间，业主与承包商之间缺少沟通。

（2）工程实施者缺乏工期意识，例如管理者拖延了图纸的供应和批准，任务下达时缺少必要的工期说明和责任落实，拖延了工程活动。

（3）项目参加单位对各个活动没有清楚地了解，下达任务时也没有做详细的解释，同时对活动的必要的前提条件准备不足，各单位之间缺少协调和信息沟通，许多工作脱节、资源供应出现问题。

（4）由于其他方面未完成项目计划规定的任务造成拖延，例如设计单位拖延设计、运输不及时、上级机关拖延批准手续、质量检查拖延、业主不果断处理问题等。

（5）承包商没有集中力量施工、材料供应拖延、资金缺乏、工期控制不紧，这可能是由于承包商同期工程太多，力量不足造成的。

（6）业主没有集中资金的供应，拖欠工程款，或业主的材料、设备供应不及时。

7. 其他原因

由于采取其他调整措施造成工期的拖延，如设计的变更、质量问题的返工、实施方案的修改等。

通过对以上进度偏差的分析，进度控制人员可以确定应该调整的工作和具体调整值，从而采取调整措施，获得新的符合实际进度情况和计划目标的新进度计划。

Ⓡ 补充要点

施工进度计划的调整方法

1. 缩短某些工作的持续时间。该方法是在不改变工作之间逻辑关系的前提下，只是缩短某些工作的持续时间，以确保计划工期的实现。被选择用来缩短持续时间的工作应同时满足以下两个条件：一是该工作位于关键线路上和超过计划工期的非关键线路上；二是该工作存在着压缩其持续时间的空间。因为压缩持续时间，就意味着要增加单位时间内资源的投入（如增加劳动力和施工机械的数量等），这就需要增加工作面，这些条件能否实现也就制约着工作能否压缩其持续时间。

2. 改变某些工作间的逻辑关系。如果进度偏差影响到总工期，且有关工作的逻辑关系允许改变时，可改变关键线路和出现偏差的非关键工作所在线路上的有关工作之间的逻辑关系，来确保工期目标的实现。

3. 压缩工作持续时间的方法。通过改进施工工艺和施工技术、缩短工艺技术间歇时间等措施。缩短某些工作持续时间的方法，实际上就是网络计划优化中的工期优化方法和费用优化的方法。除上述调整方法外，施工进度计划的调整还包括工程量的调整、工作（工序）起止时间的调整、资源提供条件的调整、必要的目标调整等。

四、对比实际进度与计划进度

将收集的资料整理和统计成具有与计划进度可比性的数据后，用工程项目实际进度与计划进度进行比较。常用的比较方法有：横道图比较法、S形曲线比较法、"香蕉"形曲线比较法、前锋线比较法和列表比较法等。通过比较得出实际进度与计划进度一致，超前、拖后三种情况。

1. 横道图比较法

横道图比较法是把在项目施工中检查实际进度收集的信息，经整理后直接用横道线并列标于原计划的横道线一起，进行直观比较的方法。

完成任务量可以用实物工程量、劳动消耗量和工作量三种物理量表示。为了比较方便，一般用它们实际完成量的累计百分比与计划的应完成量的累计百分比进行比较（图5-5）。

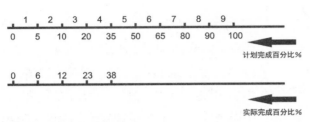

图5-5　横道图比较法

由于工作的施工进度是变化的，因此横道图中进度横线，不管计划的还是实际的，都是表示工作的开始时间、持续天数和完成时间，并不表示计划完成量和实际完成量，这两个量分别通过标注在横道线上方及下方的累计百分比数量表示。实际进度的涂黑粗线是从实际工程的开始日期画起，若工作实际施工间断，也可在图中将涂黑粗线作相应的空白。

2. S形曲线比较法

S形曲线比较法是以横坐标表示进度时间、纵坐标表示累计完成任务量，绘制出一条按计划时间累计完成任务量的曲线，将施工项目的各检查时间实际完成的任务量与S形曲线进行实际进度与计划进度相比较的一种方法。

从整个工程项目的施工全过程而言，一般是开始和结尾阶段，单位时间投入的资源量较少，中间阶段单位时间投入的资源量较多，与其相关的单位时间完成的任务量也是呈同样变化（图5-6）；而随时间进展累计完成的任务量，则应该呈S形曲线变化（图5-7）。

S形曲线比较法同横道图一样，是在图上直观地进行施工项目实际进度与计划进度相比较。一般情况下，计划进度控制人员在计划实施前绘制S形曲线。在项目施工过程中，按规定时间将检查的实际完成情况绘制在与计划S形曲线同一张图上，可

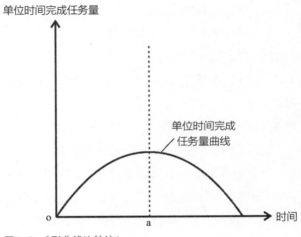

图5-6　S形曲线比较法1

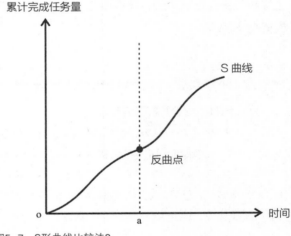

图5-7　S形曲线比较法2

得出实际进度S形曲线。比较两条S形曲线可以得到以下信息：

（1）项目实际进度与计划进度比较。当实际工程进展点落在S形曲线左侧，则表示此时实际进度比计划进度超前；若落在其右侧，则表示拖后；若刚好落在其上，则表示二者一致。

（2）项目实际进度比计划进度超前或拖后的时间，见图5-8，ΔT_a表示T_a时刻实际进度超前的时间；ΔT_b表示ΔT_b时刻实际进度拖后的时间。

（3）项目实际进度比计划进度超前或拖后的任务量，见图5-8，ΔQ_a表示T_a时刻超前完成的任务量；ΔQ_b表示在Y_b时刻拖后的任务量。

（4）预测工程进度。见图5-8，后期工程按原

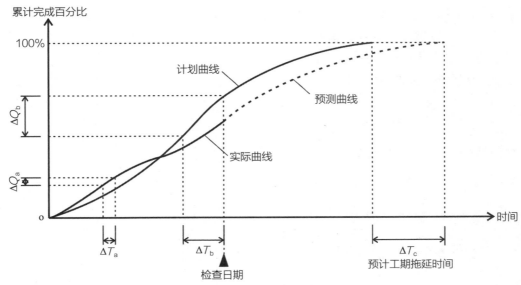

图5-8　工程进度S形曲线比较法

计划速度进行，则工期拖延预测值为ΔT_c。

3. "香蕉"形曲线比较法

"香蕉"形曲线的作图方法与S形曲线的作图方法基本一致，不同之处在于它是分别以工作的最早开始和最迟开始时间绘制的两条S形曲线组合成的闭合曲线（图5-9）。

在项目的实施中，进度控制的理想状况是任一时刻按实际进度描绘的点，应落在该"香蕉"形曲线的区域内。"香蕉"形曲线比较法的作用：利用"香蕉"形曲线进行进度的合理安排；进行施工实际进度与计划进度比较；确定在检查状态下，后期工程的ES曲线和LS线的发展趋势。

4. 前锋线比较法

前锋线比较法是通过绘制某检查时刻工程项目实际进度前锋线，进行工程实际进度与计划进度比较的方法，它主要适用于时标网络计划。所谓前锋线，是指在原时标网络计划上，从检查时刻的时标点出发，用点划线依次将各项工作实际进展位置点连接而成的折线。前锋线比较法就是通过实际进度前锋线与原进度计划中各工作箭线交点的位置来判断工作实际进度与计划进度的偏差，进而判定该偏差对后续工作及总工期影响程度的一种方法。

五、施工进度计划检查结果的处理

按照检查报告制度的规定，将工程项目进度检查的结果，形成进度控制报告向有关主管人员和部门汇报。进度控制报告是根据报告的对象不同，确定不同的编制范围和内容面分别编写的。一般分为项目概要级进度控制报告、项目管理级进度控制报

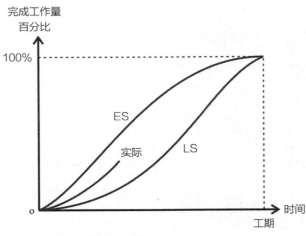

图5-9　"香蕉"形曲线比较法

告和业务管理级进度控制报告。

项目概要级的进度报告是报给项目经理、企业经理、业务部门以及建设单位或业主的，它是以整个工程项目为对象说明进度计划执行情况的报告；项目管理级的进度报告是报给项目经理及企业业务部门的，它是以单位工程或项目分区为对象说明进度计划执行情况的报告；业务管理级的进度报告是就某个重点部位或重点问题为对象编写的报告，供项目管理者及各业务部门为其采取应急措施而使用的。

进度报告由计划负责人或进度管理人员与其他项目管理人员协作编写。报告时间一般与进度检查时间相协调，也可按月、旬、周等间隔时间进行编写上报。

第四节　装饰工程信息管理

一、工程项目信息管理概述

随着科学技术和电脑网络的发展，人类正在进入一个高度发展的新时代，这个时代就是人们常说的信息时代。在建设工程领域，不顺应时代发展的步伐就会被时代抛弃，建筑装饰工程也需要依赖信息来提升工作和管理效率。信息能及时地反应各协调方的需求，指导生产，控制过程。由于信息的迅猛发展，信息已经和原材料、资源并列成为三大资源。

装饰工程项目信息管理是指对信息的收集、整理、处理、储存、传递与应用等一系列工作的总称。信息管理的目的就是通过有组织的信息流通，使决策者能及时、准确地获得相应的信息（图5-10）。

1. 装饰工程项目信息的特点

（1）真实性。事实是信息的基本特点，也是信息价值所在。要千方百计地找到事实的正式一面，为决策和装饰项目管理服务。不符合事实的信息不

图5-10　工程项目鸟瞰图

图5-10：工程项目鸟瞰图能够对拟建工程的周边环境有一个大致的概括。最直观的感受是看图者可以通过鸟瞰图想象建成之后的效果。这种视觉感受比平面图更直接，比效果图更逼真，是一种模拟实际的表现手法。

仅无用而且有害，真实、准确地把握好信息是处理数据的最终目的。

（2）系统性。在实际的装饰项目的施工中，不能拿到图纸或业主给定的技术文件，就片面地产生和使用这些信息。信息本身不是直接得到的，而是需要全面地掌握各方面的数据后才能得到。信息也是系统中的组成部分之一。

（3）时效性。由于信息在工程实际中是动态的，不断变化、不断产生的，要求及时处理数据，及时得到信息，才能做好决策和工程管理工作，避免事故的发生，真正做到事前管理。信息本身具有强烈的时效性，因此需要利用有效的时差以使信息获得最大化的利用。

（4）不完全性。由于使用数据的人对客观事物认识的局限性，例如同样的信息渠道，由于施工管理人员对技术掌握的深度不同，获得的信息是不尽相同的，其不完全性就在所难免，应该认识到这一点，提高自身对客观事物的认识深度，减少不完全性因素。

2．装饰工程项目信息管理的基本任务

装饰工程项目管理人员承担着装饰项目信息管理的任务，负责收集装饰工程项目实施情况的信息，做各种信息处理工作，并向上级、向外界提供各种信息。装饰项目信息管理的任务主要包括：

（1）组织装饰项目基本情况信息的收集并系统化，编制装饰项目手册。装饰项目管理的任务之一是按照装饰项目的任务实施要求。设计装饰项目实施和装饰项目管理中的信息和信息流，确定它们的基本要求和特征，并保证装饰项目实施过程中信息顺利流通。

（2）遵循装饰项目报告及各类资料的规定，例如资料的格式、内容、数据结构要求。

（3）按照装饰项目实施、装饰项目组织、装饰项目管理工作过程建立装饰项目管理信息系统，在实际工作中保证系统正常运行，并控制信息流。

（4）文件档案管理工作。

优秀的装饰项目管理需要更多的工程装饰项目信息，信息管理影响装饰项目组织和整个装饰项目管理系统的运行效率，是人们沟通的桥梁，装饰项目管理人员应引起足够的重视。

3．实施装饰工程项目信息管理的基本条件

为了更好地进行工程装饰项目信息管理，必须利用计算机技术。装饰项目经理部要配备必要的计算机硬件和软件，应设装饰项目信息管理员，使用和开发装饰项目信息管理系统。装饰项目信息管理员必须经有资质的培训单位培训并通过考核，方可上岗。

装饰项目经理部负责收集、整理、管理本装饰项目范围内的信息。实行总分包的装饰项目分包人负责分包范围的信息收集整理，承包人负责汇总、整理各分包人的全部信息。

二、工程项目报告系统

1．装饰工程项目报告的作用

（1）作为决策的依据。通过报告所反映的内容，可以使人们对装饰项目计划、实施状况和目标完成程度等有比较清楚的了解，从而使决策简单化，提高准确度。

（2）用来评价装饰项目，评价过去的工作及阶段成果。

（3）总结经验，分析装饰项目中的问题，每个装饰项目结束时都应有一个内容详细的分析报告。

（4）通过报告区激励各参加者，让大家了解装饰项目的成绩。

（5）提出问题，解决问题，安排后期的工作。

（6）预测未来情况，提供预警信息。

（7）作为证据和工程资料。工程装饰项目报告便于保存，能提供工程的永久记录。

2．装饰工程项目报告的形式和种类

装饰工程项目报告的形式和种类很多，按时间可分为日报、周报、月报、年报；针对装饰项目结构的报告又分部分装饰项目报告、单位工程报告、单项工程报告、整个装饰项目报告；专门内容的报告有质量报告、成本报告、工期报告；特殊情况的报告有风险分析报告、总结报告、特别事件报告；此外，还有状态报告、比较报告等。

3. 装饰工程项目报告的要求

（1）与目标一致。报告的内容和描述必须与装饰项目目标一致，主要说明目标的完成程度和围绕目标存在的问题。

（2）符合特定的要求。这里包括各个层次的管理人员对装饰项目信息需要了解的程度，以及各个职能人员对专业技术工作和管理工作的需要。

（3）规范化、系统化。管理信息系统中应完整地定义报告系统的结构和内容，对报告的格式、数据结构进行标准化。在装饰项目中要求各参加者采用统一形式的报告。

（4）处理简单化，内容清楚，各种人都能理解。

（5）报告要有侧重点。工程装饰项目报告通常包括概况说明和重大的差异说明，主要活动和事件的说明，而不是面面俱到。它的内容较多的是考虑实际效用，而不是考虑信息的完整性。

4. 装饰工程项目报告系统

在装饰项目初期，在建筑装饰项目管理系统时必须包括装饰项目的报告系统。主要解决以下两个问题：

（1）罗列装饰项目实施过程中的各种报告，并系统化。

（2）确定各种报告的形式、结构、内容、数据、采集和处理方式，并标准化。

5. 项目应建立报告目录

编制工程计划时，应考虑需要的各种报告及其性质、范围和频率，并在合同或装饰项目手册中确定。原始资料应一次性收集，避免重复收取，以保证同一信息的来源相同。收入报告中的资料应进行可信度检查，并将计划值引入一边对比。

装饰工程项目报告应从基层做起，资料最基础的来源是工程活动，上层的报告应在基层报告的基础上，按照装饰项目结构和组织结构层层归纳、总结，并做出分析和比较，形成金字塔的报告系统（表5-10）。

表5-10　　　　　　报告目录

报告名称	报告时间	提供者	接受者			
			A	B	C	D

三、工程项目信息管理系统

信息的产生和应用是通过信息系统实现的，信息系统是整个工程系统的一个子系统，信息系统具有所有系统的一切特征，了解系统有助于了解信息系统和使用信息系统。

装饰工程项目信息管理系统也称装饰项目规划和控制信息系统，是一个针对工程装饰项目的计算应用软件系统，通过及时地提供工程装饰项目的有关消息，支持装饰项目管理人员确定装饰项目规划，在装饰项目实现过程中控制装饰项目目标，即费用目标、进度目标、质量目标和安全目标。

1. 装饰工程项目信息管理系统的功能要求

工程装饰项目信息管理系统是以计算机技术为主要手段，以装饰项目管理为对象，通过收集、存储和处理有关数据为装饰项目管理人员提供信息，作为装饰项目管理规划、决策、控制和检查的依据，保证装饰项目管理工作顺利实施，是装饰项目管理系统的重要组成部分。通常，该系统应具备可靠、安全、及时、适用等特性，以及界面友好、操作方便的特点。

2. 装饰工程项目信息的收集

装饰工程项目信息管理系统的运行质量，很大程度上取决于原始资料、原始信息的全面性、准确性和可靠性。因此，建立一套完整的信息采集制度是非常必要的。工程装饰项目信息的收集包括以下内容：

（1）装饰工程项目建设前期信息收集。装饰工程项目在正式开工之前，需要进行大量的工作，这些工作将产生大量包含着丰富内容的文件，工程建设单位应当了解和掌握这些内容：

①收集可行性研究报告及其有关资料。

②设计文件及有关资料的收集。

③招标投标合同文件及其有关资料的收集。

装饰项目建设前期除以上各个阶段产生的各资料外，上级关于装饰项目的批文和有关指示，有关征用土地、迁建赔偿等协议式批准的文件等，均是十分重要的资料。

（2）施工期间的信息收集。在装饰工程项目整个施工阶段，每天都发生各种各样的情况，相应地包含着各种信息，需要及时收集和处理。因此，工程的实施阶段是大量信息发生、传递和处理的阶段，工程装饰项目信息管理主要集中在这一阶段。

（3）工程竣工阶段的信息收集。工程竣工并按要求进行竣工验收时，需要大量与竣工验收有关的各种资料信息。这些信息一部分是在整个施工过程中长期积累形成的；一部分是在竣工验收期间，根据积累的资料整理分析而成的。完整的竣工资料应由承建商编制，经工程装饰项目负责人和有关方面审查后，移交业主并通过业主移交管理部门。

3. 收集信息的加工整理

对收集的信息进行加工，是信息处理的基本内容。其中包括对信息进行分析、归纳、分类、计算比较、选择及建立信息之间的关系等工作。

（1）信息处理的要求和方法。

①信息处理的要求。要使信息能有效地发挥作用，在信息处理的过程中就必须符合及时、准确、适用、经济的要求。

②信息处理的方法。从收集的大量信息中，找出信息与信息之间的关系和运算公式，从收集的少量信息中得到大量的输出信息。信息处理包括收集、加工、输入计算机、传输、存储、计算、检索、输出等内容。

（2）收集信息的分类。工程信息管理中，对收集来的资料进行加工整理后，按其加工整理的深度可分为如下类型，见表5-11。

表5-11　　　　　　　　　　　　　　收集信息分类

序号	信息类别	具体要求
1	依据进度控制信息，对施工进度状态的意见和指示	工程装饰项目负责人每月、每季度都要对工程进度进行分析对比并做出综合评价，包括当月整个工程各方面，实际完成数量与合同规定的计划数量之间的比较；如果某一部分拖后，应分析其主要原因，对存在的主要困难和问题，要提出解决的意见
2	依据质量控制信息，对工程结算情况的意见和指示	工程装饰项目负责人应当系统地将当月施工中的各种质量情况，包括现场检查中发现的各种问题，施工中出现的重大事故，对各种情况、问题、施工的处理情况，除在月报、季报中进行阶段性的归纳和评价外，如有必要可进行专门的质量定期情况报告
3	依据投资控制信息，对工程结算情况的意见和指示	工程价款结算一般按月进行，要对投资完成情况进行统计、分析，并在此基础上做一些短期预测，以使对业主在组织资金方面提供咨询意见
4	依据合同信息，对索赔的处理意见	在工程施工中，甲方的原因或客观条件使乙方遭受损失，乙方可提出索赔要求；乙方违约使工程遭受损失，甲方可提出索赔要求；工程装饰项目负责人应对索赔提出意见处理

四、工程项目文档管理

装饰工程文件是反映装饰工程质量和工作质量的重要依据，是评定工程质量等级的重要依据，也是装饰公司在日后进行维修、扩建、改造、更新的重要工程档案材料。装饰项目管理信息大部分是以文档资料的形式出现的，因此，装饰项目文档资料管理是日常信息管理工作的一项主要内容。装饰工程文件一般分为四大部分：工程准备阶段是装饰文档资料、装饰工程对监理方文档资料、施工阶段文档资料、竣工文档资料。因此，装饰项目的文档资料直接决定承建档案的好坏。

工程装饰项目文档资料包括各类文件、装饰项目信件、设计图纸、合同书、会议纪要、各种报告、通知、记录、签证、单据、证明、书函等文字、数值、图表、图片及音像资料。

1. 装饰项目文档资料管理的主要内容

包括工程施工技术管理资料、工程质量控制资料、工程施工验收资料、装饰竣工图四大部分。

2. 装饰项目文档资料的传递流程

确定装饰项目文档资料的传递流程是指要研究文档资料的来源渠道及方向。研究资料的来源、使用者和保存节点，规定传输方向和目标。

3. 装饰项目文档资料的登录和编码

信息分类和编码是文档资料科学管理的重要手段。任何接收或发送的文档资料均应予以登记，建立信息资料的完整记录。对文档资料进行登录，把它们列为装饰项目管理单位的正式资源和财产，可以有据可查，便于归类、加工和整理，并通过登录掌握归档资料及其变化情况，有利于文档资料的清点和补缺。

4. 装饰项目文档资料的存放

为使文档资料在装饰项目管理中得到有效的利用和传递，需要按科学方法将文档资料存放与排列。随着工程建设的进程，信息资料的逐步积累，数量会越来越多，如果随意存放，需要时必然查找困难，且极易丢失。存放与排列可以编码结构的层次作为标识，将文档资料一件件、一本本地排列在书架上，位置应明显，易于查找。

五、项目管理中的软信息

在信息管理的高速发展时代，传统上的信息管理对工程管理中定量的要素可以进行收集整理。例如前面所述的在装饰项目系统中运行的一般都是定量化的、可量度的信息，如工期、成本、质量、人员投入、材料消耗、工程完成程度等，它们可以用数据表示，可以写入报告中，通过报告和数据即可获得信息、了解情况。但另有许多信息是很难用于上述信息形式表达和通过正规的信息渠道沟通的，这主要是反映装饰项目参加者的心理行为、装饰项目组织概况的信息。

例如，参加者的心理动机、期望和管理者的工作作风、爱好、习惯、对装饰项目工作的兴趣、责任心；各工作人员的积极性，特别是装饰项目组织成员之间的冷漠甚至分裂状态；装饰项目的软信息状况；装饰项目的组织程度及组织效率；装饰项目组织与环境、装饰项目小组与其他参加者、装饰项目小组内部的关系融洽程度，装饰项目领导的有效性；业主或上层领导对装饰项目的态度、信心和重视程度；装饰项目小组精神，如敬业、互相信任、组织约束程度，装饰项目实施的秩序、程度等。

1. 软信息的概念

在工程装饰项目管理中，一些情况无法或很难定量化，甚至很难用具体的语言表达，但它同样作为信息反映着装饰项目的情况，对工程装饰项目实施、决策起着重要的作用，以及更好地帮助装饰项目管理者研究和把握装饰项目组织，对装饰项目组织实施激励等起到积极作用的这类信息资源，统称为软信息。

2. 软信息的特点

（1）软信息尚不能在报告中反映或完全正确地反映，缺少表达方式和正常的沟通渠道，只有管理人员亲临现场，参与实际操作和小组会议里才能发现并收集到。

（2）由于软信息无法准确地描述和传递，所以它的状况只能由人领会，仁者见仁，智者见智，不确定性很大，这便会导致决策的不确定性。

（3）由于很难表达，不能传递，很难进入信息系统沟通，所以软信息的使用是局部的。真正有决策的上层管理者（如业主、投资者）由于不具备条件（不参与实际操作），所以无法获得和使用软信息，因而容易造成决策失误。

（4）软信息目前主要通过非正式沟通来影响人们的行为。例如，人们对装饰项目经理的工作作风的意见和不满，互相诉说，以软抵抗对待装饰项目及格率的指认、安排。

（5）软信息只能通过人们的模糊判断，通过人们的思考来做信息处理，常规的信息处理方式是不适用的。

3. 软信息的获取

软信息的获取通常有以下四种方式（表5-12）。

表5-12　　　　　　　　　　　　　软信息获取来源一览

获取来源	内容
观察获取	通过观察现场及人们的举止、行为、态度，分析他们的动机，分析组织概况。在这种获取方法中常运用在装饰项目的招投标谈判阶段、装饰报价的商讨阶段及竣工审计阶段
正规的询问、征求意见来获取	此方法通过在装饰行业中沿用的一些行规及惯例来达到施工管理的目的。例如：装饰图纸的会审需要征求业主方和设计方的意见，每月定期的装饰项目的生产调度会的意见征集等
非正式沟通获取	通常在施工中由于各协调方和纵向管理层次经过不断的接触，在工作间隙或其他非工作场合进行的交流，而信息的内容经过滤化可以为装饰项目所用的，也可以适当使用
指令性获取	在管理层和执行层及作业层等工作过程中，上下级或者甲乙双方要求对方提交相关书面材料，其中必须包括软信息内容并说明范围，以此获得软信息，同时让相关管理人员建立软信息的概念并扩大使用范围和增加广度

🄡 **补充要点**

信息管理含义深刻

　　信息管理不能简单理解为仅对产生的信息进行归档和一般的信息领域的行政事务管理。为充分发挥信息资源的作用和提高信息管理的水平，施工单位和其项目管理部门都应设置专门的工作部门（或专门的人员）负责信息管理。

第五节　文明施工管理

一、文明施工的概念

文明施工是指保持施工现场良好的作业环境、卫生环境和工作秩序。文明施工主要包括以下几个方面的工作：规范施工现场的场容，保持作业环境的整洁卫生；科学组织施工，使生产有序进行；减少施工对周围居民和环境的影响；保证职工的安全和身体健康。

1．文明施工能促进企业综合管理水平的提高

保持良好的作业环境和秩序，对促进安全生产，加快施工进度，保证工程质量，降低工程成本，提高经济和社会效益有较大作用。文明施工涉及人、财、物各个方面，贯穿于施工全过程之中，体现了企业在工程项目施工现场的综合管理水平。

2．文明施工是适应现代化施工的客观要求

现代化施工更需要采用先进的技术、工艺、材料、设备和科学的施工方案，需要严密组织、严格要求、标准化管理和较好的职工素质等。文明施工能适应现代化施工的要求，是实现优质、高效、低耗、安全、清洁、卫生的有效手段。

3．文明施工代表企业的形象

良好的施工环境与施工秩序，可以得到社会的支持和信赖，提高企业的知名度和市场竞争力。

4．文明施工有利于员工的身心健康

文明施工有利于促进和提高施工队伍的整体素质，文明施工可以提高职工队伍的文化、技术和思想素质，培养尊重科学、遵守纪律、团结协作的大生产意识，促进企业精神文明建设，从而促进施工队伍整体素质的提高。

二、文明施工组织与制度管理

1．明确责任制度

施工现场应成立以项目经理为第一责任人的文明施工管理组织。分包单位应服从总包单位的文明施工管理组织的统一管理，并接受监督检查。

2．文明施工规定

各项施工现场管理制度应有文明施工的规定，包括个人岗位责任制、经济责任制、安全检查制度、持证上岗制度、奖惩制度、竞赛制度和各项专业管理制度等。

3．落实奖惩制度

加强和落实现场文明检查、考核及奖惩管理，以促进施工文明管理工作提高。检查范围和内容应全面周到，包括生产区、生活区、场容场貌、环境文明及制度落实等内容。检查发现的问题应采取整改措施。

4．建立档案资料库

（1）上级关于文明施工的标准、规定、法律法规等资料。

（2）施工组织设计（方案）中对文明施工的管理规定，各阶段施工现场文明施工的措施。

（3）文明施工自检资料。

（4）文明施工教育、培训、考核计划的资料。

（5）文明施工活动各项记录资料。

5．加强宣传和教育

（1）在坚持岗位练兵基础上，要采取"派出去、请进来"短期培训、上技术课、登黑板报、广播、看录像、看电视等方法狠抓教育工作。

（2）要特别注意对临时工的岗前教育。

（3）专业管理人员应熟悉掌握文明施工的规定。

三、现场文明施工的基本要求

（1）施工现场必须设置明显的标牌，标明工程项目名称，建设单位，设计单位，施工单位，项目经理和施工现场总代表人的姓名，开、竣工日期，施工许可证批准文号等。施工单位负责施工现场标牌的保护工作。

（2）施工现场的管理人员在施工现场应佩戴证明其身份的证卡。

（3）应按照施工总平面布置图设置各项临时设施。现场堆放的大宗材料、成品、半成品和机具设备不得侵占场内道路及安全防护等设施。

（4）施工现场的用电线路、用电设施的安装和使用必须符合安装规范和安全操作规程，并按照施工组织设计进行架设，严禁任意拉线接电。施工现场必须设有保证施工安全要求的夜间照明；危险潮湿场所的照明以及手持照明灯具，必须采用符合安全要求的电压。

（5）施工机械应按照施工总平面布置图规定的位置和线路设置，不得任意侵占场内道路。施工机械进场须经过安全检查，经检查合格的方能使用。施工机械操作人员必须建立机组责任制，并依照有关规定持证上岗，禁止无证人员操作。

（6）应保证施工现场道路畅通，排水系统处于良好的使用状态；保持场容场貌的整洁，随时清理建筑垃圾。在车辆、行人通行的地方施工，应当设置施工标志，并对沟井、坎穴进行覆盖。

（7）施工现场的各种安全设施和劳动保护器具，必须定期进行检查和维护，及时消除隐患，保证其安全有效。

（8）施工现场应当设置各类必要的职工生活设施，并符合卫生、通风、照明等要求。职工的膳食、饮水供应等应符合卫生要求。

（9）应做好施工现场的安全保卫工作，采取必要的防盗措施，在现场周边设立围护设施。

（10）应严格依照《中华人民共和国消防条例》的规定，在施工现场建立和执行防火管理制度，设置符合消防要求的消防设施，并保持完好的备用状态。在容易发生火灾的地区施工，或者储存、使用易燃易爆器材时，应采取特殊的消防安全措施。

（11）施工现场发生工程建设重大事故的处理，依照《工程建设重大事故报告和调查程序规定》执行。

第六节 项目竣工管理

一、项目竣工验收

竣工是指工程项目经过承建单位的准备和实施活动，已完成了项目承包合同规定的全部内容，并符合发包单位的意图，达到了使用的要求，它标志着工程项目建设任务的全面完成。

竣工验收是工程项目建设环节的最后一道程序，是承包人按照施工合同的约定，完成设计文件和施工图纸规定的工程内容，经发包人组织竣工验收及工程移交的过程。

竣工验收的主体有交工主体和验收主体两个方面，交工主体是承包人，验收主体是发包人，二者均是竣工验收的实施者，是互相依附而存在的；工程项目竣工验收的客体应是设计文件规定、施工合同约定的特定工程对象，即工程项目本身。

二、竣工验收的条件和标准

1. 竣工验收的条件

（1）设计文件和合同约定的各项施工内容已经施工完毕。

（2）有完整并经核定的工程竣工资料，符合验收规定。

（3）有勘察、设计、施工、监理等单位签署确认的工程质量合格文件。

（4）有工程使用的主要建筑材料、构配件、设备进场的证明及试验报告。

（5）有施工单位签署的工程质量保修书。

2. 竣工验收的标准

（1）达到合同约定的工程质量标准。合同约定的质量标准具有强制性，合同的约束作用规范了承发包双方的质量责任和义务，承包人必须确保工程质量达到双方约定的质量标准，不合格不得交付验收和使用。

（2）符合单位工程质量竣工验收的合格标准。我国国家标准《建筑工程施工质量验收统一标准》（GB 50300—2013），对单位（子单位）工程质量验收合格相应规定。

（3）单项工程达到使用条件或满足生产要求。组成单项工程的各单位工程都已竣工，单项工程按设计要求完成，民用建筑达到使用条件或工业建筑能满足生产要求，工程质量经检验合格，竣工资料整理符合规定。

（4）建设项目能满足建成投入使用或生产的各项要求。组成建设项目的全部单项工程均已完成，符合交工验收的要求，建设项目能满足使用或生产要求。

三、竣工验收的管理程序和准备

1. 竣工验收的管理程序

工程项目进入竣工验收阶段，是一项复杂而细致的工作，项目管理的各方应加强协作配合，按竣工验收的管理程序依次进行，认真做好竣工验收工作。

（1）竣工验收准备。工程交付竣工验收前的各项准备工作由项目经理部具体操作实施，项目经理全面负责，要建立竣工收尾小组，搞好工程实体的自检、收集、汇总、整理完整的工程竣工资料，扎扎实实地做好工程竣工验收前的各项竣工收尾及管理基础工作。

（2）编制竣工验收计划。项目经理部应认真编制竣工验收计划，并纳入企业施工生产计划实施和管理，项目经理部按计划完工并经自检合格的工程项目应填写工程竣工报告和工程竣工报验单，提交工程监理机构签署意见。

（3）组织现场验收。首先由工程监理机构依据施工图纸、施工及验收规范和质量检验标准、施工合同等对工程进行竣工预验收，提出工程竣工验收评估报告。然后由发包人对承包人提交的工程竣工报告进行审定，组织有关单位进行正式竣工验收。

（4）进行竣工结算。工程竣工结算要与竣工验收工作同步进行。工程竣工验收报告完成后，承包人应在规定的时间内向发包人递交工程竣工结算报告及完整的结算资料。承发包双方依据工程合同和工程变更等资料，最终确定工程价款。

（5）移交竣工资料。整理和移交竣工资料是工程项目竣工验收阶段必不可少且非常细致的一项工作。承包人向发包人移交的工程竣工资料应齐全、完整、准确，要符合国家城市建设档案管理、基本建设项目（工程）档案资料管理和建设工程文件归档整理规范的有关规定。

（6）办理交工手续。工程已正式组织竣工验收，建设、设计、施工、监理和其他有关单位已在工程竣工验收报告上签认，工程竣工结算办完，承包人应与发包人办理工程移交手续，签署工程质量保修书，撤离施工现场，正式解除现场管理责任。

2. 竣工验收准备

（1）建立竣工收尾班子。由项目经理牵头，成员包括技术负责人、生产负责人、质量负责人、材料负责人、班组负责人等多方面的人员组成竣工收尾班子，明确分工、责任到人，做到因事设岗、以岗定责、以责考核、限期完成工作任务，收尾项目完工要有验证手续，形成完善的收尾工作制度。

（2）制订落实项目竣工收尾计划　项目经理要根据工作特点，项目进展情况及施工现场的具体条件负责编制落实有针对性的竣工收尾计划，并纳入统一的施工生产计划进行管理，以正式计划下达并作为项目管理层和作业层岗位业绩考核的依据之一。竣工收尾计划的内容要准确而全面，应包括收尾项目的施工情况和资料整理。要明确各项工作内容的起止时间、负责班组及人员。竣工收尾计划可参照表5–13所示的格式编制。

（3）竣工收尾计划的检查。项目经理和技术负责人定期和不定期地对竣工收尾计划的执行情况进行严格的检查，重要部位要做好详细的检查记录。

发现偏差要及时纠正，发现问题要及时整改，竣工收尾项目按计划完成一项，按标准验一项，消除一项，直至全部完成计划内容。

（4）竣工自检。项目经理部在完成施工项目竣工收尾计划，并确认已经达到了竣工的条件后，即可向所在企业报告，由企业自行组织有关人员依据质量标准和设计图纸等进行自检，填写工程质量竣工验收记录、质量控制资料核查记录、工程质量观感记录表等资料，对检查结果进行评定，符合要求后向建设单位提交工程验收报告和完整的质量资料，请建设单位组织验收。

（5）竣工验收预约。承包人全面完成工程竣工验收前的各项准备工作，经监理机械审查验收合格后，承包人向发包人递交预约竣工验收的书面通知，说明竣工验收前的各项工作已准备就绪，满足竣工验收条件。

"交付竣工验收通知书"的内容格式如图5–11所示：

表5–13 施工项目竣工收尾计划表格规范

序号	收尾项目名称	工作内容	起止时间	作业队组	负责人	竣工资料	整理人	验证人

备注：　　　　　　项目经理：　　　　　　技术负责人：　　　　　　编制人：

交付竣工验收通知书

××××（发包单位名称）

　　根据施工合同的约定，由我单位承建的××××工程，已于××××年××月××日竣工，经自检合格，监理单位审查签认，可以正式组织竣工验收。请贵单位接到通知后，尽快洽商，组织有关单位和人员于××××年××月××日前进行竣工验收。

附件：1. 工程竣工报验单

　　　2. 工程竣工报告

　　　　　　　　　　　　　　　　　　　　　　××××（单位公章）

　　　　　　　　　　　　　　　　　　　　　　××××年××月××日

图5–11　交付竣工验收通知书

四、竣工资料

竣工资料是工程项目承包人按工程档案管理及竣工验收条件的有关规定，在工程施工过程中按时收集，认真整理，竣工验收后移交发包人汇总归档的技术与管理文件，是记录和反映工程项目实施全过程中工程技术与管理活动的档案。

1. 竣工资料的内容

竣工资料必须真实记录和反映项目管理全过程的实际，它的内容必须齐全完整。按照我国《建设工程项目管理规范》的规定，竣工资料的内容应包括工程施工技术资料、工程质量保证资料、工程检验评定资料以及竣工图和规定的其他应交资料。

（1）施工技术资料。施工技术资料是建设工程施工全过程中的真实记录，是在施工全过程的各环节客观产生的工程施工技术文件，它的主要内容有：开工报告（包括复工报告）；项目经理部及人员名单、聘任文件；施工组织设计（施工方案）；图纸会审记录（纪要）；技术交底记录；设计变更通知；技术核定单；地质勘查报告；工程定位测量资料及复核记录；桩基施工记录；试桩记录和补桩记录；沉降观测记录；防水工程抗渗试验记录；混凝土浇灌令；商品混凝土供应记录；工程复核抄测记录；工程质量事故报告；工程质量事故处理记录；施工日志；建设工程施工合同、补充协议；工程竣工报告；工程竣工验收报告；工程质量保修书；工程预（结）算书；竣工项目一览表；施工项目总结。

（2）质量保证资料。质量保证资料是建设工程施工全过程中全面反映工程质量控制和保证的依据性证明资料，应包括原材料、构配件、器具及设备等的质量证明、合格证明、进场材料试验报告等。

（3）检验评定资料。检验评定资料是建设工程施工全过程中按照国家现行工程质量检验标准，对工程项目进行单位工程、分部工程、分项工程的划分，再由分项工程、分部工程、单位工程逐级对工

程质量做出综合评定的资料。工程检验评定资料的主要内容如下：

①施工现场质量管理检查记录。

②检验批质量验收记录。

③分项工程质量验收记录。

④分部（子分部）工程质量验收记录。

⑤单位（子单位）工程质量竣工验收记录。

⑥单位（子单位）工程质量控制资料核查记录。

⑦单位（子单位）工程安全和功能检验资料核查及主要功能抽查记录。

⑧单位（子单位）工程观感质量检查记录等。

（4）竣工图。竣工图是真实地反映建设工程竣工后实际成果的重要技术资料，是建设工程进行竣工验收的备案资料，也是建设工程进行维修、改建、扩建的主要依据。

工程竣工后有关单位应及时编制竣工图，工程竣工图应逐张加盖"竣工图"章。"竣工图"章的内容应包括：发包人、承包人、监理人等单位名称，图纸编号、编号人、审核人、负责人、编制时间等。

（5）规定的其他应交资料：

①施工合同约定的其他应交资料。

②地方行政法规、技术标准已有规定的应交资料等。

2. 竣工资料的收集整理

工程项目的承包人应按竣工验收条件的有关规定，建立健全资料管理制度，要设置专人负责，按照《建筑工程资料管理规程》（JGJ/T185—2009）的要求，认真收集和整理工程竣工资料。

3. 竣工资料的移交验收

（1）竣工资料的归档范围。竣工资料的归档范围应符合《建筑工程资料管理规程》（JGJ/T185—2009）的规定。凡是列入归档范围的竣工资料，承

包人都按规定将自己责任范围内的竣工资料按分类组卷的要求移交给发包人，发包人对竣工资料验收合格后，将全部竣工资料整理汇总，按规定向档案主管部门移交备案。

（2）竣工资料的交接要求。总包人必须对竣工资料的质量负全面责任，根据总分包合同的约定，负责对分包人的竣工资料进行中检和预检，有整改的待整改完成后，进行整理汇总，一并移交发包人；承包人根据建设工程施工合同的约定，在建设工程竣工验收后，按规定和约定的时间，将全部应移交的竣工资料交给发包人，并应符合城建档案管理的要求。

（3）竣工资料的移交验收。发包人接到竣工资料后，应根据竣工资料移交验收办法和国家及地方有关标准的规定，组织有关单位的项目负责人、技术负责人对资料的质量进行检查，验证手续是否完备，应移交的资料项目是否齐全。所有资料符合要求后，承发包双方按编制的移交清单签字、盖章，按资料归档要求双方交接，竣工资料交接验收完成。

五、竣工验收管理

1. 竣工验收的方式

一般来说，工程交付竣工验收可以按以下三种方式分别进行：

（1）单位工程（或专业工程）竣工验收。又称为中间验收，是指承包人以单位工程或某专业工程内容为对象，独立签订建设工程施工合同的，达到竣工条件后，承包人可单独进行交工，发包人根据竣工验收的依据和标准，按施工合同约定的工程内容组织竣工验收。

（2）单项工程竣工验收。又称为交工验收，即在一个总体建设项目中，一个单项工程已按设计图纸规定的工程内容完成，能满足生产要求或具备使用条件，承包人向监理人提交"工程竣工报告"和"工程竣工报验单"，经签认后应向发包人发出"交付竣工验收通知书"，说明工程完工情况、竣

工验收准备情况、设备无负荷单机试车情况及具体约定交付竣工验收的有关事宜。发包人按照约定的程序，依照国家颁布的有关技术标准和施工承包合同，组织有关单位和部门对工程进行竣工验收，验收合格的单项工程，在全部工程验收时，原则上不再办理验收手续。

（3）全部工程的竣工验收。又称为动用验收，指建设项目已按设计规定全部建成、达到竣工验收条件，由发包人组织设计、施工、监理等单位和档案部门进行全部工程的竣工验收。对一个建设项目的全部工程竣工验收而言，大量的竣工验收基础工作已在单位工程和单项工程竣工验收中进行了。对已经交付竣工验收的单位工程（中间交工）或单项工程并已办理移交手续的，原则上不再重复办理验收手续，但应将单位工程或单项工程竣工验收报告作为全部工程竣工验收的附件加以说明。

2. 工程竣工验收报验

承包人完成工程设计和施工合同以及其他文件约定的各项内容，工程质量经自检合格，各项竣工资料准备齐全，确认具备工程竣工报验的条件，承包人即可填写并递交工程竣工报告和工程竣工报验单（表5-14、表5-15）。表格内容要按规定要求填写，自检意见应表述清楚，项目经理、企业技术负责人、企业法定代表人应签字，并加盖企业公章。报验单的附件应齐全，足以证明工程已符合竣工验收要求。

监理人收到承包人递交的工程竣工报验单及有关资料后，总监理工程师即可组织专业监理工程师对承包人报送的竣工资料进行审查，并对工程质量进行验收。验收合格后，总监理工程师应签署工程竣工报验单和质量评估结论，向发包人递交竣工验收的通知，具体约定工程交付验收的时间、会议地点和有关安排。

3. 竣工验收的依据

（1）上级主管部门对该项目批准的各种文件。

表5-14 　　　　　　　　　　　　　　　　　　**工程竣工报告**

工程名称		建筑面积	
工程地址		结构类型/层数	
建设单位		开/竣工日期	
设计单位		合同工期	
施工单位		工程造价	
监理单位		合同编号	
竣工条件自检情况	自检内容		自检意见
	工程设计和合同约定的各项内容完成情况		
	工程技术档案和施工管理资料		
	工程所用建筑材料、建筑构配件、商品混凝土和设备的进场试验报告		
	涉及工程结构安全的试块、试件及有关材料试验、检验报告		
	地基与基础、主体结构等重要分部、分项工程质量验收报告签证情况		
	建设行政主管部门、质量监督机构或其他有关部门责令整改问题的执行情况		
	单位工程质量自检情况		
	工程质量保修书		
	工程款支付情况		
	交付竣工验收的条件		
	其他		

　经检验，该工程已完成设计和施工合同约定的各项内容，工程质量符合有关法律、法规和工程建设强制性标准。

项目经理：
企业技术负责人：　　　　　　　　　（施工单位公章）
企业法定代表人：　　　　　　　　　　　年　　月　　日

监理单位意见：

　　　　　　　　　　　　　　　　　　　　　　总监理工程师：　　　　　　（公章）
　　　　　　　　　　　　　　　　　　　　　　　　　　　年　　月　　日

表5-15 　　　　　　　　　　　　　　　　　　**工程竣工报验单**

工程名称：　　　　　　　　　　　　　　　　　　　　　　　　　编号：

致：
　　我方已按合同要求完成了＿＿＿＿＿＿＿＿工程，经自检合格，请予以检查和验收。
附件：

　　　　　　　　　　　　　　　　　　　　承包单位（章）：＿＿＿＿＿＿
　　　　　　　　　　　　　　　　　　　　项目经理：＿＿＿＿＿＿＿＿
　　　　　　　　　　　　　　　　　　　　日　　期：＿＿＿＿＿＿＿＿

审查意见：
　　经初步验收，该工程
　　1. 符号/不符合我国现行法律、法规要求；
　　2. 符合/不符合我国现行工程建设标准；
　　3. 符合/不符合设计文件要求；
　　4. 符合/不符合施工合同要求。
　　综上所述，该工程初步验收合格/不合格，可以/不可以组织正式验收。

　　　　　　　　　　　　　　　　　　　　项目监理机构：＿＿＿＿＿＿＿
　　　　　　　　　　　　　　　　　　　　总监理工程师：＿＿＿＿＿＿＿
　　　　　　　　　　　　　　　　　　　　日　　期：＿＿＿＿＿＿＿

包括设计任务书或可行性研究报告、用地、征地、拆迁文件、初步设计文件等。

（2）工程设计文件。包括施工图纸及有关说明。

（3）双方签订的施工合同。

（4）设备技术说明书。它是进行设备安装调试、检验、试车、验收和处理设备质量、技术等问题的重要依据。

（5）设计变更通知书。它是对施工图纸的修改和补充。

（6）国家颁布的各种标准和规范。包括现行的《工程施工及验收规范》《工程质量检验评定标准》等。

（7）外资工程应依据我国有关规定提交竣工验收文件。

补充要点

分项、分部、单位工程的划分

　　一个建筑装饰工程，从施工准备工作开始到竣工交付使用，必须经过若干工序、若干工种的配合施工；一个建筑装饰工程质量的好坏，取决于每一道施工工序、各施工工种的操作水平和管理水平。为了便于质量管理和控制，便于检查验收，在实际施工的过程中，把装饰工程项目划分为若干个分项工程、分部工程和单位工程。

4. 竣工验收组织

发包人收到承包人递交的交付竣工验收通知书，应及时组织勘察、设计、施工、监理等，单位按照竣工验收程序，对工程进行验收核查。

（1）成立竣工验收委员会或验收小组。大型项目、重点工程、技术复杂的工程，根据需要应组成验收委员会，一般工程项目，组成验收小组即可。竣工验收工作由发包人组织，主要参加人员有发包方、勘察、设计、总承包及分包单位的负责人、发包单位的工地代表、建设主管部门、备案部门的代表等。

（2）建设单位组织竣工验收。

①由建设单位组织，建设、勘察、设计、施工、监理单位分别汇报工程合同履约情况和工程建设各个环节执行法律、法规和工程建设强制性标准的情况。

②验收组人员审阅各种竣工资料。验收组人员应对照资料目录清单，逐项进行检查，看其内容是否齐全，符合要求。

③实地查验工程质量。参加验收各方，对竣工项目实体进行目测检查。

④对工程勘察、设计、施工、监理单位各管理环节和工程实物质量等方面做出全面评价，形成经验收组人员签署的工程竣工验收意见。

⑤参与工程竣工验收的建设、勘察、设计、施工、监理单位等各方不能形成一致意见时，应当协商提出解决的方法，待意见一致后，重新组织竣工验收；当不能协商解决时，由建设行政主管部门或者其委托的建设工程质量监督机构裁决。

⑥签署工程竣工验收报告。工程竣工验收合格后，建设单位应当及时提出签署工程竣工验收报告，由参加竣工验收的各单位代表签名，并加盖竣工验收各单位的公章（表5-16）。

5. 办理工程移交手续

工程通过竣工验收，承包人应在发包人对竣工验收报告签认后的规定期限内向发包人递交竣工结算和完整的结算资料，在此基础上承发包双方根据合同约定的有关条款进行工程竣工结算，承包人在收到工程竣工结算款后，应在规定期限内向发包人办理工程移交手续，具体内容如下：

（1）按竣工项目一览表在现场移交工程实体。

（2）按竣工资料目录交接工程竣工资料。

（3）按工程质量保修制度签署工程质量保证书。

（4）承包人在规定时间内按要求撤出施工现场、解除施工现场全部管理责任。

（5）工程交接的其他事宜。

表5-16 　　　　　　　　　　　　　**工程竣工验收报告**

工程概况	工程名称		建筑面积	
	工程地址		结构类型	
	层数	地上　　层 地下　　层	总高	
	电梯／台		自动扶梯／台	
	开工日期		竣工验收日期	
	建设单位		施工单位	
	勘察单位		监理单位	
	设计单位		质量监督单位	
	工程完成设计与合同所约定内容情况			
验收组织形式				
验收组组成情况	专业			
	建筑工程			
	采暖卫生与燃气工程			
	建筑电气安装工程			
	通风与空调工程			
	电梯安装工程			
	工程竣工资料审查			
竣工验收程序				
工程竣工验收意见	建设单位执行基本建设程序情况： 对工程勘察、设计、监理等方面的评价：			

项目负责人		建设单位　（公章） 年　　月　　日
勘察负责人		勘察单位　（公章） 年　　月　　日
设计负责人		设计单位　（公章） 年　　月　　日
项目经理 企业技术负责人		施工单位　（公章） 年　　月　　日
总监理工程师		监理单位　（公章） 年　　月　　日

工程质量综合验收附件：
1. 勘察单位对工程勘察文件的质量检查报告；
2. 设计单位对工程设计文件的质量检查报告；
3. 施工单位对工程施工质量的检查报告；
4. 监理单位对工程质量的评估报告；
5. 地基与勘察、主体结构分部工程以及单位工程质量验收记录；
6. 工程有关质量检测和功能性试验资料；
7. 建设行政主管部门、质量监督机构责令整改问题的整改结果；
8. 验收人员签署的竣工验收原始文件；
9. 竣工验收遗留问题的处理结果；
10. 施工单位签署的工程质量保修书；
11. 法律、规章规定必须提供的其他文件。

第七节　装饰工程资源管理

一、资源管理

1. 装饰工程资源管理

装饰工程资源是装饰项目中使用的人力资源、材料、机具设备、技术、资金和基础设备等的总称。装饰工程项目资源管理是指对装饰项目所需人力、材料、机具设备、技术、资金和基础设施所进行的计划、组织、指挥、协调和控制等的活动。

2. 装饰工程项目资源管理的内容

装饰工程项目资源管理的内容主要包括人力资源管理、材料管理、机具设备管理、技术管理和资金管理五个方面（图5-12）。

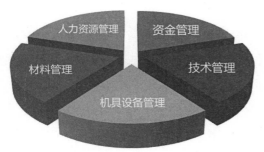

图5-12　资源管理内容

（1）人力资源管理。人力资源管理是指能够推动经济和社会发展的体力和脑力劳动者。在装饰项目中，人力资源包括不同层次的管理人员和参与装饰项目的各种工人。装饰项目人力资源管理是指装饰项目组织对该装饰项目的人力资源进行的科学的计划、适当的培训、合理的配置、准确的评估和有效的激励等一系列管理工作。

（2）材料管理。建筑材料成本占整个建筑装饰工程造价的比重为2/3～3/4。加强装饰项目的材料管理，对于提高装饰工程质量，降低装饰工程成本都将起到积极的作用。建筑材料分为主要材料、辅助材料和周转材料。

（3）机具设备管理。机具设备往往实行集中管理与分散管理结合的办法，主要任务在于正确选择机具设备，保证机具设备在使用中处于良好状态，减少机具设备闲置、损坏，提高施工效率和利用率。

在装饰项目中，机具设备的供应来自四种渠道，即企业自有设备（这里指的为配合装饰工艺成品化施工所需要购买的）、本企业专业租赁公司租用、市场租赁设备，以及分包方自带机具设备。

（4）技术管理。技术管理是指装饰项目实施的过程中对各项技术活动和技术工作的各种资源进行科学管理的总称。

（5）资金管理。装饰项目资金管理应以保证收入、节约支出、防范风险和提高经济效益为目的。通过对资金的预测和对比及装饰项目资金计划等方法，不断地进行分析和对比、计划调和考核，以达到降低成本，提高效益的目的。

3. 装饰工程项目资源管理的责任分配

装饰工程项目资源管理的责任分配将人员配备工作与装饰项目工作分解结构相联系，明确表示出工作分解结构中的每个工作单位由谁负责，由谁参与，并表示了每个人在装饰项目中的地位，见表5-17。

责任分配矩阵是一种将所分解的工作任务落实到装饰项目有关的部门或个人，并明确表示出他们在组织工作中的关系、责任和地位的方法和工具，它是以组织单位为行、工作单元为列的矩阵图。

矩阵中的符号表示装饰项目工作人员在每个工作单元中的参与角色或责任，用来表示工作任务参与类型的符号有多种形式，常见的有字母、数字和几何图形。

表5-17 责任分配矩阵表

WBS	装饰项目经理	总装饰工程师	装饰工程技术部	人力资源部	质量管理部	安全监督部	合同预算部	物资供应部
管理规划	D	M	C	A	A	A	A	A
进度管理	D	M	C	A	A	A	A	A
质量管理	D	M	A	A	C	A	A	A
成本管理	DM	A	A	A	A	A	A	A
安全管理	D	M	A	A	A	C	A	A
资源管理	DM	A	A	C	A	A	A	C
现场管理	D	M	C	A	A	A	A	A
合同管理	DM	M	A	A	A	A	C	A
沟通管理	D	A	C	A	A	A	A	A

注：D 表示决策；M 表示主持；C 表示主管；A 表示参与。

二、人力资源管理

1. 人力资源的基本特点

人力资源以人的身体和劳动为载体，是一种"活"的资源，并与人的自身生理特征相联系。这一特点决定了人力资源使用过程中需要考虑工作的环境、工作风险、时间弹性等非经济和非货币因素。

人力资源管理通过招聘、甄选、培训、报酬等管理形式对组织内外相关人力资源进行有效运用，满足组织当前及未来发展的需要，保证组织目标实现与成员发展的最大化。在施工现场，对施工人员进行有效管理，能够避免施工中的安全事故，工程质量等问题。

人力资源具有再生性。人口的再生产和劳动力再生产，通过人口总体和劳动力总体内各个体的不断替换、更新和恢复的过程得以实现。

2. 人力资源计划

人力资源计划是从装饰项目目标出发，根据内外部环境的变化，提高对装饰项目未来人力资源需求的预测，确定完成装饰项目所需人力资源的数量和质量，各自的工作任务及其相关关系的过程。

人力资源计划主要阐述人力资源在何时，以何种方式加入和离开装饰项目组。人员计划可能是正式的，也可能是非正式的，可能是十分详细的，也可能是框架概括型的，皆依装饰项目的需要而定。

3. 人力资源需求的确定

（1）装饰项目管理人员需求的确定。装饰项目管理人员需求应根据岗位编制计划，使用合理的预测方法进行预测。在人员需求中，应明确需求的职务名称、人员需求数量、知识技能等方面的要求，招聘的途径，招聘的方式，选择的方法、程序，希望到岗时间等，最终要形成一个有员工数量、招聘成本、技能要求、工作类别及为完成组织目标所需的管理人员数量和层次的分列表。

（2）劳动力需要量计划表。劳动力需要计划表是根据施工方案、施工进度和预算，依次确定专业工种、进场时间、劳动量和工人数，然后汇集成表格形式，可作为现场劳动力调配的依据。

表5-18为装饰施工组织设计中常见的劳动力需要量计划表。

（3）劳务人员的优化配置。对于劳务人员的优化配置，应根据承包装饰项目的施工进度计划和各工种需要数量进行。装饰项目经理部根据计划与劳务合同，在合格劳务承包队伍中进行有效调配。

表5-19是某建筑装饰项目中根据劳动量对劳务人员配备的表格，是合格劳务承包配置表。

4．人力资源控制

人力资源控制应包括人力资源的选择、签订施工分包合同、人力资源培训等内容（图5-13）。

（1）人力资源的选择。要根据装饰项目需求确

表5-18　　　　　　　　　　　　　　　　　劳动力需要量计划表

序号	专业工种		劳动量	需要时间									备注
	名称	级别		月			月			月			
				I	II	III	I	II	III	I	II	III	

表5-19　　　　　　　　　　　　　　　　　合格劳务承包配置表

序号	班组名称	班组负责人（签名）	分包内容	分包方式	调配方式
1	石材班组		墙面干挂大理石砖	人工	随进度进场
2	泥工班组		室内玻化砖，水泥砂浆地面	人工	随进度进场
3	木工班组		室内轻钢龙骨吊顶、木制作	人工	随进度进场
4	油漆班组		室内乳胶漆、清漆	人工	随进度进场
5	钢结构班组		大厅柱、墙面钢结构	人工	随进度进场
6	电工班组		临时用电	人工	随进度进场
7	综合班组		现场搬运和施工垃圾清理	人工	随进度进场

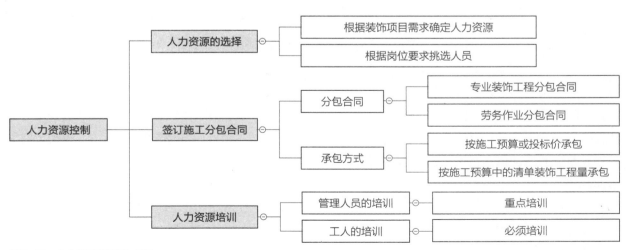

图5-13　人力资源控制的内容

定人力资源的性质、数量、标准及组织中工作岗位的需求，提出人员补充计划；对有资格的求职人员提供均等的就业机会；根据岗位要求和条件允许来确定合格人选。

（2）签订施工分包合同。施工分包合同有专业装饰工程分包合同与劳务作业分包合同之分。分包合同的发包人一般是取得施工总承包合同的承包单位，分包合同中一般仍沿用施工总承包合同中的名称，即称为承包人；分包合同的承包人一般是专业化的专业装饰工程施工单位或劳务作业单位，在分包合同中一般称为分包人或劳务分包人。

施工分包合同承包方式有两种：一是按施工预算或投标价承包；二是按施工预算中的清单装饰工程量承包。劳务分包合同的内容应包括：装饰工程名称，工作内容及范围，提供劳务人员的数量，合同工期，合同价款及确定原则。合同价款的结算和支付，安全施工，重大伤亡及其他安全事故处理，装饰工程质量，验收与保修，工期延误，文明施工，材料机具供应，文物保护，发包人、承包人的权利和义务，违约责任等。同时还应考虑劳务人员的各种保险管理。

（3）人力资源培训。人力资源培训包括培训岗位、人数、培训内容、目标、方法、地点和培训费用等，应重点培训生产线关键岗位的操作运行人员和管理人员。人员的培训时间应与装饰项目的建设进度相衔接，如设备操作人员应在设备安装调试前完成培训工作，以便使这些人员参加设备安装、调试过程，熟悉设备性能，掌握处理事故技能等，保证装饰项目顺利完成。组织应重点考虑供方、合同方人员的培训方式和途径，可以由组织直接进行培训，也可以根据合同约定由供方、合同方自己进行培训。

人力资源培训包括管理人员的培训和工人的培训。

5. 人力资源考核

装饰项目人力资源考核是指对装饰项目组织人员的工作做出评价。考核是一个动态过程，通过考核的形式，使装饰项目的管理更为良性的循环，考核的过程具有过程性与不确定性的特点。

R 补充要点

装饰工程项目资源管理的特点

装饰工程项目资源管理的特点主要表现为：装饰工程所需资源的种类多、需求量大；装饰工程项目建设过程的不均衡性；资源供应受外界影响大，具有复杂性和不确定性，资源经济需要在多个装饰项目中协调；资源对装饰项目成本的影响大。

三、材料管理

1. 建筑装饰工程材料管理的任务

材料管理的任务归纳起来就是"供""管""用"三字，具体任务如下：

（1）编好材料供应计划，合理组织货源，做好供应工作。

（2）按施工计划进度需要和技术要求，按时、按质、按量配套供应材料。

（3）严格控制、合理实用材料，以降低消耗。

（4）加强仓库管理，控制材料储存，切实履行仓库管理和监督的职能。

（5）建立健全材料管理规章制度，使材料管理条例化。

2. 材料计划

（1）材料供应计划。该计划是建筑装修施工企业施工技术财务计划的重要组成部分，是为了完成施工任务，组织材料采购、订货、运输、仓储及供应管理各项业务活动的行为指南。其计算公式为：

材料供应量=需用量−期初库存量+周转库存量

（2）材料采购计划。它是根据需用量计划而编制的材料市场采购计划，其计算公式为：

材料采购量=计划期需用量+计划期末储备量-计划期的预计库存量其他内部资源量

（3）材料计划的执行和检查。材料计划编制后，要积极组织材料供应计划的执行和实现，要明确分工，各部门要相互支持、协调配合，搞好综合平衡，及时发现问题，采取有效措施，保证计划全面完成。

3. 材料的运输与库存

（1）材料的运输。材料运输是材料供应工作的重要环节，材料运输管理要贯彻"及时、准确、安全、经济"的原则，搞好运力调配、材料发运与接运，有效地发挥运力作用。

（2）材料的库存管理。材料的库存管理是材料管理的重要组成部分。材料库存管理工作的内容和要求主要有：合理确定仓库的试着地点、面积、结构和储存、装饰、计量等仓库作业设施的配备；精心计算库存，建立库存管理制度；把好物资验收入库关，做到科学保管和保养；做好材料的出库和退库工作；做好清仓盘点和到库工作。此外，材料的仓库管理应当积极配合生产部门做好消耗考核和成本核算，以及回收废旧物资，开展综合利用。

4. 材料的现场管理

（1）施工准备阶段的材料管理。包括：做好现场调查和规划；根据施工图预算和施工预算，计算主要材料需用量；结合施工进度，分期分批组织材料进场并为定额供料做好准备；配合组织预制构配件加工订货；落实使用构配件的顺序、时间及数量；规划材料堆放位置，按先后顺序组织进场，为验收保管创造条件。

（2）施工阶段的材料管理。施工阶段是材料投入使用、形成建筑产品的阶段，是材料消耗过程的管理阶段，同时贯穿着验收、保管和场容管理等环节，是现场材料管理的中心环节。其主要内容包括：根据工程进度的不同阶段所需的各种材料，及时、准确、配套地组织进场，保证施工顺利进行，

合理调整材料堆放位置，尽量做到分项工程活完料净；认真做好材料消耗过程的管理，健全现场材料领退料交接制度、消耗考核制度、废旧回收制度，健全各种材料收发（领）退原始记录和单位工程材料消耗台账；认真执行定额供料制，积极推行"定、包、奖"，即定额供料、包干使用、节约奖励的办法，鼓励降低材料消耗；建立健全现场场容管理责任制，实行划区、分片、包干责任制，促进施工人员及队组保持作业场地整洁，搞好现场堆料区、库存、料棚、周转材料及其场的管理。

（3）施工收尾阶段的材料管理。施工收尾阶段是现场材料管理的最后阶段，其主要内容包括：认真做好收尾准备工作，控制进料，减少余料，拆除不用的临时设施，整理、汇总各种原始资料、台账和报表；全面清点现场及库存材料；核算工程材料消耗量，计算工程成本；工完场清，余料清理。

四、机具设备管理

随着建筑装饰行业的迅速发展，施工组织的技术装备得到了较大改善和发展，原有单一的施工机具已经被品种繁多的装饰机具和相关设备替换。因此，如何在装饰项目中管理好机具和设备就提上日程，并在装饰施工组织中得到重视，建筑装饰机具设备已成为现代建筑装饰的主要生产要素之一。在装饰施工组织中，不仅在装备品种、数量上有了较大的增加，而且拥有了一批应用高技术和机电一体化的先进设备。为使装饰项目组织管好、用好这些设备，充分发挥机具设备的效能，保证机具设备的安全使用，确保施工现场的机具设备处于完好技术状态，预防和杜绝施工现场重大机具伤害事故和机具设备事故的发生，需要制订切实可行的机具设备管理机制。

1. 装饰工程施工机具设备管理任务

机具设备管理的任务，就是全面科学地做好机具设备的选配、管理、保养和更新，保证为企业提

供适宜的技术装备，为机具化施工提供性能好、效率高、作业成本低、操作安全的机具设备，使施工活动建立在最佳的物质技术基础上，不断提高经济效益。

2. 机具设备管理计划

（1）机具设备需求计划。机具设备选择的依据是装饰项目的现场条件、工程特点、工程量及工期。

对于主要施工机具，如挖土机、起重机等的需求量，要根据施工进度计划、主要施工方案和工程量、套用机具产量定额求得；对于辅助机具，可以根据建筑安装工程10万元扩大概算指标求得；对于运输的需求量，应根据运输量计算。

装饰项目所需要的机具设备可由四种方式提供：从本企业专业租赁公司租用、从社会上的机具设备租赁市场租用设备、分包队伍自备设备、企业新购买设备。表5-20为机具设备需求计划表。

（2）机具设备使用计划。装饰项目经理部应根据工程需求编制机具设备使用计划，报组织领导或组织有关部门审批，其编制依据是工程施工组织设计。机具设备使用一般由项目经理部机具管理员或施工准备员负责编制。中、小型设备机具一般由装饰项目经理部主管经理审批，主要考虑机具设备配置的合理性（是否符合使用、安全要求）以及是否符合资源要求，包括租赁企业、安装设备组织的资源要求，设备本身在本地区的注册情况及年检情况，操作设备人员的资格情况等。

（3）机具设备保养与维修计划。机具设备使用的过程中，其保护装置、机具质量、可靠性等都有可能发生变化，因此，机具设备使用过程中的保养与维护是确保其安全、正常使用的必不可少的手段。

机具设备保养的目的是保持机具设备的良好技术状态，提高设备运转的可靠性和安全性，减少零件的磨损，延长使用寿命，降低消耗，提高经济效益。

表5-20　　　　　　　　　　　　　　　　机具设备需求量计划表

序号	机具设备名称	型号	规格	功率/kW	需求量	使用时间	备注

📱 补充要点

机具报废条件

1. 超过经济寿命和规定的使用年限，由于严重磨损，已达不到最低的工艺要求，且无修理或技术改造价值者。

2. 设备虽然没有超过规定的使用年限，但由于严重损坏，不具备使用条件，而又无修复价值者。

3. 影响安全，严重污染环境，虽然通过采取一定措施能够得到解决，但在经济上很不合算。

4. 设备老化、技术性能落后、耗能高、效率低、经济效益差或由于新设备的出现，若继续使用可能严重影响企业经济效益的设备。

5. 国家强制淘汰的高耗能设备。

6. 因为其他原因而不能继续使用，也不宜转让给其他企业，又无保留价值的设备。

3. 机具设备管理

机具设备管理包括机具设备购置与租赁、使用管理、操作人员管理、报废和出场管理等（图5-14）。机具设备管理控制的任务是：正确选择机具；保证机具设备在使用中处于良好状态；减少闲置和损坏；提高机具设备使用效率及产出水平；机具设备的维护和保养。

（1）机具设备的购置。大型机具设备以及特殊设备的购买应在调研的基础上写出经济技术可行性分析报告，经专业管理部门审批后，方可购买；中、小型机具应在调研的基础上，选择性价比较好的产品。机具设备的选择原则是：适用于装饰项目要求，使用安全可靠，技术先进、经济合理。

在有多台同类机具设备可供选择时，要综合考虑它们的技术特性。机具设备技术特性见表5-21。

（2）机具设备的租赁。机具设备及周转材料的租赁，是施工企业向租赁公司（站）及拥有机具和周转材料的单位支付一定租金，取得使用权的业务活动。这种方法有利于加速机具和周转材料的周转，提高其使用效率和完好率，减少资源的浪费。

（3）机具设备的使用。机具设备的使用应实行定机、定人、定岗位的三定制度，有利于操作人员熟悉机械设备特性，熟练掌握操作技术，合理和正确地使用、维护机械设备，提高枢机效率；有利于大型设备的单机经济核算和考评操作人员使用机械设备的经济效果；也有利于定员管理、工资管理。

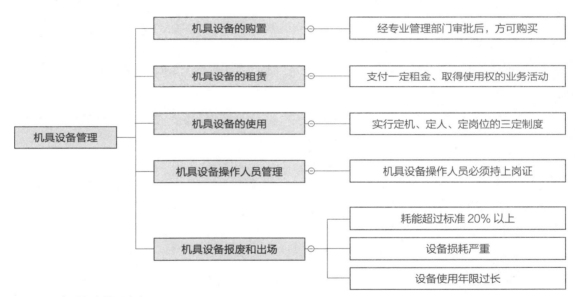

图5-14　机具设备管理内容

表5-21　　　　　　　　　　　　　　　机具设备技术特性

序号	技术特性	序号	技术特性
1	工作效率	8	运输、安装、拆卸及操作的难易程度
2	工作质量	9	灵活性
3	使用费用和维修费	10	在同一现场服务装饰项目的数量
4	能源消耗费	11	机具的完好性
5	占用的操作人员和辅导工作人员	12	维修难易程度
6	安全性	13	对气候的适应性
7	稳定性	14	对环境保护的影响程度

具体做法如下：

①人机固定实行机械使用、保养责任制，将机械设备的使用效益与个人经济利益联系起来。

②实行操作证制度。坚持实行操作制度，无证不准上岗，采取办培训班、进行岗位训练等形式，有计划、有步骤地做好培养和提高工作。专用机械的专门操作人员必须经过培训和统一考试，确认合格，发给驾驶证。这是保证机械设备得到合理使用的必要条件。

③遵守合理使用规定。防止机件早期磨损，延长机械使用寿命和修理周期。实行单机或机组核算，根据考核的成绩实行奖惩，这也是一项提高机械设备管理水平的重要措施。

④建立设备档案制度。记录和统计设备情况，为使用和维修提供方便。

⑤合理组织机械设备施工。必须加强维修管理，提高机械设备的完好率和单机效率，并合理地组织机械的调配，搞好施工的计划工作。

⑥搞好机械设备的综合利用。是指现场安装的施工机械尽量做到一机多用。尤其是垂直运输机械，必须综合利用，使其效率充分发挥。它负责垂直运输各种构件材料，同时用作回转范围内的水平运输、装卸车等。因此要按小时安排好机械的工作，充分利用时间，大力提高其利用率。

⑦要努力组织好机械设备的流水施工。当施工的推进主要靠机械而不是人力的时候，划分施工段的大小必须考虑机械的服务能力，把机段作为分段的决定因素。要使机械连续作业，不停歇，必要时"歇人不歇马"，使机械三班作业。一个施工项目有多个单位工程时，应使机械在单位工程之间流水，减少进出场时间和装卸费用。

⑧机械设备安全作业。项目经理部在机械作业前应向操作人员进行安全操作交底，使操作人员对施工要求、场地环境、气候等安全生产要素有清楚的了解。项目经理部按机械设备的安全操作要求安排工作和进行指挥，不得要求操作人员违章作业，也不得强令机械带病操作，更不得指挥和允许操作人员野蛮施工。

⑨为机具设备的施工创造良好条件。现场环境、施工平面图布置应适合机械作业要求，交通道路畅通无障碍，夜间施工安排好照明。协助机械部门落实现场机械标准化。

（4）机具设备操作人员管理。机具设备操作人员必须持上岗证，即通过专业培训考核合格后，经有关部门注册，操作证年审合格，在有效期内，且所操作的机种与所持证上允许操作机种吻合。此外，机具操作人员还必须明确机组人员责任制，并建立考核制度，奖优罚劣，使机组人员严格按照规范作业，并在本岗位上发挥出最优的工作业绩。责任制应对机长、机员分别制定责任内容，对机组人员应做到责、权、利三者相结合，定期考核，奖罚明确到位，以激励机组人员努力做好本职工作，使其操作的设备在一定条件下发挥出最大效能。

（5）机具设备报废和出场，机具设备属于下列情况之一的应当更新：

①设备损耗严重，大修理后性能、精度仍不能满足规定要求的。

②设备在技术上已经落后，耗能超过标准20%以上的。

③设备使用年限长，已经经过四次以上大修或者一次大修费用超过正常大修费用1倍的。

4．机具设备的保养、修理和更新

（1）机具设备的例行保养。例行保养属于正常使用管理工作，不占用机具设备的运行时间，由操作人员在机具使用前期和中间进行。内容主要有：保持机具的清洁，检查运行情况，防止机具腐蚀，按技术要求紧固易于松脱的螺栓，调整各部位不正常的行程和间隙。

（2）机具设备的强制保养。强制保养是按一定周期，需要占用机具设备的运转时间而停工进行的保养。这种保养是按一定周期的内容分级进行的，保养周期根据各类机具设备的磨损规律、作业条件、操作维修水平及经济性四个主要因素确定，保养级别由低到高，如起重机、挖土机等大量设备要进行一到四级保养，汽车、空压机等进行一到三级保养，其他一般机具设备进行一级、二级保养。

Ⓡ 补充要点

机具报废流程

1. 申请报废。对具备报废条件的设备提出报废；注明设备详细资料；提出报废理由。

2. 鉴定。工程部按报废规定对设备进行技术鉴定；财务部对设备报废的经济合理性进行审核。

3. 审批。总经理根据公司经营的需要和工程部、财务部的鉴定意见批复。

4. 撤销台账。批准报废的设备，工程部撤销设备台账。

5. 报废处理。需要新设备替换的在用设备，待新设备投入使用再行报废；批准报废的在用设备，在保证安全的情况下，不进行大修；可转让的设备，作价转让；不可转让的设备，可利用部件拆下留用，其余部分作废品处理。

五、装饰项目资金管理

1. 资金管理计划

装饰工程项目资金流动包括装饰项目资金的收入与支出。

装饰项目收入与支出计划管理是装饰项目资金管理的重要内容，要做到收入有规定，支出有计划，追加按程序；做到在计划范围内一切开支有审批，主要大宗工料支出有合同，使装饰项目资金运营在受控状态。装饰项目经理主持此项工作，由主管业务部门分别编制，财务部门汇总平衡。

装饰项目资金收支计划的编制，是装饰项目经理部资金管理工作中首先要完成的工作，一方面需要上报企业管理层审批；另一方面装饰项目资金收支计划是实现装饰项目资金管理目标的重要手段。

2. 资金控制

资金控制包括保证资金收入与控制资金支出。

生产的正常进行需要一定的资金保证，装饰工程项目部的资金来源包括：组织（公司）拨付资金，向发包人收取的工程款和备料款，以及通过组织（公司）获得的银行贷款等。对工程装饰项目来讲，收取工程款的备料款是装饰项目资金的主要来源，重点是工程款收入。由于工程装饰项目的生产周期长，采用的是承发包合同形式，工程价款一般按月度结算收取，因此要抓好月度价款结算，组织好日常工程价款收入，管好资金入口。

控制资金支出主要是控制装饰项目资金的出口。施工生产直接或间接的生产费用投入需消耗大量资金，要精心计划，节约使用资金，以保证装饰项目部的资金支付能力。一般来说，工、料、机的投入有的要在交易发生期支付货币资金，有的可作为流动负债延期支付。从长期角度讲，工、料、机投入都要消耗定额，管理费用要有开支标准。

要抓好开源节流，组织好工料款回收，控制好生产费用支出，保证装饰项目资金正常运转。在资金周转中投入能得到补偿，得到增值，才能保证生产继续进行。

⑤ 本章小结

本章作为建筑装饰施工管理环节，从承包方、施工方、施工人员等层面进行深度讲解，如何有效管理各个岗位的工作人员与施工项目。通过对项目管理、现场施工管理、工程信息管理、竣工验收等管理细节的叙述，让各个管理层的人员对人员管理、项目管理感到轻而易举，学会运用管理知识，将管理制度运用到施工项目中。其中，在科技信息高速发展时期，信息管理系统取代了传统管理模式，形式更加多种多样，让信息管理变得更加简单、便捷。

℗ 课后练习

1. 建筑装饰现场施工管理的意义是什么？
2. 在施工管理项目中，其主要内容有哪些？
3. 请简述项目管理的主要程序。
4. 项目现场管理的基本要求分为哪几类？其核心要求是什么？
5. 监测施工现场的进度，对建筑施工具有什么作用？
6. 影响现场施工进度监测的因素有哪些？
7. 文明施工主要表现在哪些方面？其基本要求是什么？
8. 工程竣工验收的条件与标准是什么？你对施工验收的标准是否存在疑问？

★ 思政训练

1. 工程项目管理中党员施工员对现场施工实施具有哪些重大意义？
2. 从近几年的工程事故中进行总结，施工验收对建筑的安全性应当如何保障？如何制定思政条例来避免工程事故发生？

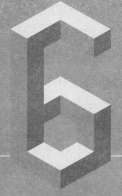

第六章
建筑装饰工程技术管理

» 学习难度：★★★★☆

» 重点概念：管理措施、发展前景、优化完善

» 章节导读：建筑装饰工程技术是指针对建筑内、外部装饰工程进行设计、造价、选材、施工以及管理、检测等的职业技术、技能。建筑装饰工程技术专业的就业面广泛，可应聘面向装饰施工管理、建筑装饰设计、建筑装饰设计咨询、建筑装饰预算或工程监理等岗位。因此，近几年开设建筑装饰工程技术专业的高校众多。本章从建筑装饰工程技术的角度出发，对建筑装饰工程技术的管理进行深入讲解。

第一节 建筑装饰工程技术管理概述

一、建筑装饰工程技术管理概念

建筑装饰工程技术管理是指在施工生产经营活动中，对各项技术活动与其技术要素的科学管理。所谓技术活动，是指技术学习、技术运用、技术改造、技术开发、技术评价和科学研究的过程。所谓技术要素，是指技术人才、技术装备和技术信息等。

1. 技术管理的基本任务

正确贯彻党和国家各项技术政策和法令，认真执行国家和上级制定的技术规范、规程，按创全优工程的要求，科学地组织各项技术工作，建立正常的技术工作秩序，提高建筑装饰装修施工企业的技术管理水平，不断革新原有技术和采用新技术，达到保证工程质量、提高劳动效率、实现生产安全、节约材料和能源、降低工程成本的目的。

2. 目前面临的问题

据有关资料显示，2019年我国公共建筑装饰行业总产值达到25万亿元，成为国民经济增长的一大亮点。但是由于各方面的原因，建筑装饰行业在发展的过程中，存在着诸多问题，导致各种装修问题频发，其中一部分原因是工程现场技术与资料管理不规范，这也是建筑装饰行业中最为棘手的问题。

建筑装饰工程现场技术与资料管理作为工程建设及竣工、备案的必备条件，是工程进行维护、管理的依据，在整个工程建设中占比较高。因此，建筑装饰工程施工企业应配备专门的技术与资料管理人员，及时对建筑装饰工程资料进行整理。而装饰工程主管部门也应制订一套标准的技术与资料管理或整理范本，确保建筑装饰工程现场技术与资料管理的科学性、完整性，对工程中所产生的各种资料进行整理归档，顺利达到竣工备案要求。这也是目前建筑装饰工程管理的新要求。

随着现代科技的迅速发展，建筑装饰艺术的百家争鸣，各种装饰新材料的大量涌入市场，国际流行色彩的不断变化，以及各个国家旅游业的日渐发展，带动了各国经济发展，使得现代建筑装饰技术也不断向新的领域探索和发展。因此，在建筑装饰工程的现场，从事相关工作的人员必须不断了解新材料、新设备，学习、掌握新技术，才能在现场灵活地进行技术和资料的管理工作，适应迅速发展的现代建筑装饰的施工技术，以及其带来的资料管理的新方法。

综上所述，现代建筑装饰施工技术是一项牵涉面广而且比较复杂的学科，它既不完全是建筑技术，又离不开建筑技术，因此，在技术管理上，可以在很多方面借鉴建筑施工技术管理，并在此基础上创立和发展建筑装饰工程的现场技术管理。

二、技术管理的内容

技术管理的内容可以分为基础工作和业务工作两大部分（图6-1）。

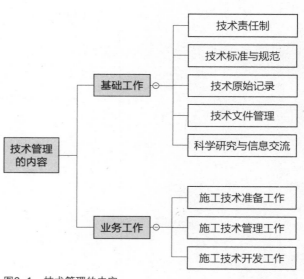

图6-1 技术管理的内容

1. 基础工作

基础工作是指为开展技术管理活动创造前提条件的最基本的工作。它包括技术责任制、技术标准与规模、技术原始记录、技术文件管理、科学研究与信息交流等工作。

2. 业务工作

业务工作是指技术管理中日常开展的各项业务活动。它主要包括施工技术准备工作、施工技术管理工作、施工技术开发工作等，如表6-1所示。

基础工作和业务工作是相互依赖，缺一不可的。基础工作为业务工作提供必要的条件，任何一项技术业务工作都必须依靠基础工作才能进行。但企业做好技术管理的基础工作不是最终目的，技术管理的基本任务必须经由各项具体的业务工作才能完成。

三、技术档案管理

技术档案是按照一定的原则、要求，经过移交、整理、归档后保管起来的技术文件材料。它既记录了各建筑物、构筑物的真实历史，更是技术人员、管理人员和操作人员智慧的结晶，技术档案实行统一领导，分专业管理。资料收集应做到及时、准确、完整，分类正确，传递及时，符合地方法规要求，无遗留问题。

四、装饰项目技术管理考核

装饰项目技术管理考核包括对技术管理工作计划的执行，施工方案的实施，技术措施的实施，技术问题的处置，技术资料收集、整理和归档以及技术开发、新技术和新工艺应用等情况进行的分析和评价。

表6-1 　　　　　　　　　　　　　　　　业务工作

名称	业务内容
施工技术准备工作	包括图纸会审、编制施工组织设计、技术交底、材料技术检验、安全技术等
施工技术管理工作	包括技术复核、质量监督、技术处理等
施工技术开发工作	包括科学技术研究、技术革新、技术引进、技术改造和技术培训等

⟨R⟩ 补充要点

提高建筑装饰施工质量的方法

1. 建筑装饰工程施工技术管理的实施首先要建立完善的管理体系。

2. 完善装饰工程施工技术管理制度，以制度管理确保技术管理的有效进行。

3. 要通过制度的完善来明确施工过程各部分与人员的职责，以此约束施工人员的工作。

4. 通过健全的施工技术管理体系，做好施工技术文件等有关文件的管理，为装饰工程施工打下良好的基础。

第二节　建筑装饰工程技术管理的基础工作

一、技术管理的要求

1. 正确贯彻国家的技术政策

国家的技术政策是根据国民经济和生产发展的要求和水平提出的，如现行的施工验收规范或规程，是带有强制性和方向性的决定，在技术管理中，必须正确地贯彻执行相关规定。

2. 严格按科学规律办事

技术管理工作要坚持实事求是的工作态度，采取科学合理的工作方法，才能有规律、有组织的进行建筑工程技术管理工作。因此，不论是企业还是个人，应该保有积极的态度，支持新技术的开发与研究。但是，新技术必须经过试验与技术鉴定后，方能进行市场推广。在取得可靠数据并证明新技术可行、经济合理后，方可逐步推广应用。

3. 全面讲究经济效益

在技术管理中，应该对每一种新的技术成果认真做好技术经济分析，考虑各种技术经济指标和生产技术条件，以及今后发展等因素，全面评价它的经济效益。

二、施工项目技术的职责分工

为使各级技术人员充分发挥积极性和创造性，完成好各自所负担的技术任务，使各级技术人员有一定的职责和权限，把技术管理工作和项目的其他管理工作有机地结合在一起，完成施工任务，不断提高技术水平，必须要建立技术管理责任制。

工程技术负责人是第一线负责技术工作的人员，要对工程的施工组织、施工技术、技术管理、工程核算等全面负责。

1. 施工项目技术负责人的主要责任

（1）贯彻执行国家的技术政策，技术标准，技术规格，施工、验收规范和技术管理制度。

（2）全面负责技术工作和技术管理工作。

（3）组织编制技术措施纲要及技术工作总结。组织编制和实施科技发展规划、技术革命计划和技术措施计划。

（4）领导技术培训工作，审批技术培训计划。

（5）领导开展技术革新活动，审定重大技术革新、技术改造和合理化建议。

（6）主持技术会议，签订签发技术规定、技术文件，处理重大施工技术问题。

（7）参加重点工程和大型工程三结合（结合现场、结合实际、结合设计）设计方案的讨论，组织编制和审批施工组织设计和重大施工方案，组织技术交底，参加竣工验收。

（8）参加引进项目的考察和谈判。

2. 专业工程师的主要职责

（1）主持图纸会审和工程技术交底。

（2）组织技术人员贯彻执行各项技术政策、规程、规范、标准和各项技术管理制度。

（3）组织制定保证工程质量和安全技术的措施，主持主要工程的质量检查，处理施工质量和技术问题。

（4）主持编制施工组织设计和施工方案，审批单位工程的施工方案。

（5）编制专业的技术革新计划，负责专业的技术情报、技术革新、技术改造和合理化建议，对专业的科技成果组织鉴定。

（6）负责技术总结，汇总竣工资料及原始技术凭证。

3．单位工程技术负责人的主要职责

（1）在施工队长的领导下，全面负责单位工程施工技术管理工作。

（2）贯彻执行质量标准、操作规范和验收规范。

（3）参与图纸会审、施工组织设计的编制、分部分项施工方案的制订。

（4）组织好施工，搞好工序衔接和班组的协作配合，排除施工障碍，保证施工进度计划按要求执行。

（5）检查各专业工长、班组长进行的技术、质量安全和消耗等的交底工作情况，检查定位、顶标高、抄平的交底和复核工作，做好预检和隐秘工程的验收记录，做好施工日志，积累和提供技术档案等原始资料。

（6）组织工长、班组长及质检员对分部分项工程进行质量检查和评定，参加竣工验收。

（7）负责单位工程的全面质量管理。

为使各级技术负责人员能够履行自己的职责，企业应根据实际需要与可能，为他们配备必要的专职技术人员作为助手，并建立必要的专职技术机构，在技术负责人的领导下，开展本部门的技术业务工作，为施工创造必要的技术条件，保证施工的顺利进行，并取得良好的经济技术效果。

三、技术资料管理制度

为加强工程资料规范化管理，提高工程管理水平，工程资料要严格按照上级主管部门的具体要求进行规范管理，提高施工现场资料的准确性、完整性。

1．建筑装饰工程总资料

包括整个装饰工程施工环节的现场资料，全过程的图纸、技术文件资料。资料管理由资料员负责，包括工程全过程资料的收集、整理、报批、归档。资料员必须持证上岗，并不断加强对规程及专业知识的学习，提高自身业务水平，从而达到规范管理要求。

2．工程资料要规范

工程资料应以施工质量验收规范、工程合同与设计文件、工程质量验收标准等为依据认真填写。随工程进度及时收集、整理，并按专业归类。同时，要求资料员认真填写、字迹清楚、项目齐全、准确、数据真实有效。表格应统一采取规程所附表格，特殊要求需增加表格时应依据规程统一归类。不得对工程资料进行涂改、伪造、随意抽取或损毁，应保证工程资料的真实性及完整性。

3．采用计算机管理

工程资料按照规定，采用打印加手写签名的形式。对于一些重点、大型的建筑装饰工程项目的资料，须采用缩制品或用光盘作为载体，增强资料管理的时间。

4．工程资料汇总

资料管理过程中要及时收集装饰施工过程中发生的所有资料，经过汇总整理后，项目资料要装入相应的档案盒，档案盒侧面及正面应有标识，检查完毕后整齐码放在档案柜中（图6-2）。

5．工程资料归档管理

工程资料收发均应有文字记录，对建设、监理、总分包单位发送的有关通告及文件，项目经理阅批后要及时归档，避免重要文档数据丢失（图6-3）。

6．资料员的主要职责

资料员应督促项目经理做好装饰工程施工进度分析、项目大事记及工程技术资料的填写，督促质检员做好工程物资质量保证文件的收集、工程物资的报验及分部分项工程施工报验，并督促专业工程师填写水、暖、通风、电气等专业工程资料、大事记，资料员及时进行归档，并制作成电子文档。

图6-2 资料汇总

图6-2：对于一些大型、重要的建筑装饰工程的资料，涉及建筑安全与其他方面的隐私性，将施工资料汇总后，应进行密封保险处理。

图6-3 资料归档

图6-3：对于一些小型的建筑装饰工程的资料，每次使用后必须按类别摆放整齐，避免丢失重要的施工数据资料。

7. 工程资料装订与备份

工程竣工后，要按照规程要求对本项目所有相关的资料进行组卷与装订，整理后在规定时间内与建设单位进行交接，并办理移交手续。对于公司的自存施工资料，由资料员按公司有关资料管理规定进行组卷、装订，将装饰工程资料上交备案即可。

8. 工程资料一式三份

施工资料原则上不得少于3套，其中移交建设单位2套，自行保存1套，施工资料应为原件，如建设单位对施工资料的编制有特殊要求，应按建设单位要求执行。

四、技术管理的主要工作

1. 设计文件的学习和图纸会审

图纸会审是由设计、施工、监理单位以及其他有关部门参加的图纸审查会，一方面是为了施工单位和各参建单位熟悉设计图纸，了解工程特点和设计意图，找出需要解决的技术难题，并制定解决方案；另一方面是解决图纸中存在的问题，减少图纸的差错，使设计更加经济合理、符合实际，以利于施工顺利进行。

文件学习与图纸会审是施工技术管理的重要组成部分，把设计图纸变为实际的工程需要做很多实际工作，做好学习与审查是一项重要和有成效的工作。

2. 施工技术交底

技术交底的目标在于使参与施工的人员熟悉和了解所承担的工程特点、设计意图、技术要求、施工工艺，以及施工中应该注意的问题。企业应建立技术交底责任制，并加强施工质量检验、监督和管理，从而提高装饰质量。

（1）技术交底的主要内容（图6-4）。

（2）技术交底的要求。技术交底是一项技术性很强的工作，对保证质量至关重要，不但要领会设计意图，还要贯彻上一级技术管理人员的意图和要求。首先，技术交底必须满足施工规范、规程、工艺标准、质量检验评定标准，满足业主的合理要求。所有技术交底资料，都是施工中的技术资料，要列入工程技术档案。

其次，技术交底必须以书面形式进行，经过检查与审核，由签发人、审核人、授受人签字。整个工程施工、各分部分项工程，均须做技术交底，特殊和隐蔽工程，更应认真做技术交底。在交底时应着重强调易发生质量事故与工伤事故的工程部分，防止各种事故的发生。

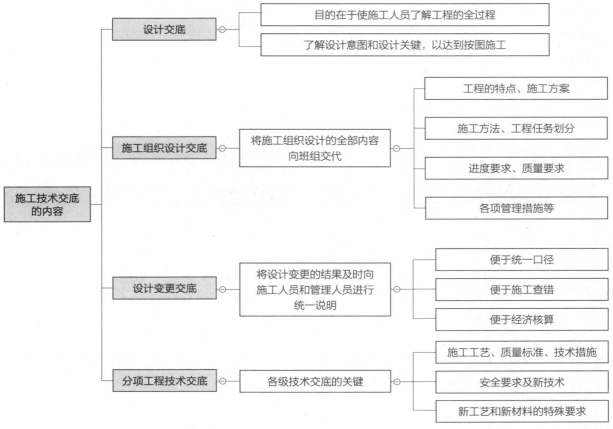

图6-4 技术交底的主要内容

3. 工程技术档案的管理

工程技术档案是国家整个技术档案中的一个组成部分。它是记述和反映工程施工技术的活动，具有保存价值，并按照一定的档案制度，真实记录并集中保管起来的技术文件资料。工程技术档案工作的任务是按照一定的原则和要求，系统地收集、记录工程建设全过程中具有保存价值的技术文件资料，并对其按归档制度加以整理，以使工程竣工验收后能完整地移交给有关技术档案管理部门。

（1）工程技术档案的收集。在工程技术档案收集的过程中，首先要把工程技术档案的技术资料区分开来，然后按工程技术档案的内容和程序进行收集。工程技术档案分为建设单位保管的档案和施工单位保管的档案两部分，如表6-2所示。

（2）工程技术档案的管理。工程技术档案的管理工作，包括技术档案材料的系统整理和技术档

表6-2	工程技术档案的保管单位与内容
档案保管单位	**主要内容**
由建设单位保管的档案	施工图和竣工工程项目一览表；图纸会审记录，设计变更和技术核定单；材料构配件和设备的质量合格证明；工程质量评定单，隐蔽工程验收记录和质量事故处理记录；设备和管线等调试、试压、试运转记录等；施工单位和设计单位提出的建筑物、构筑物、设备使用注意事项方面的文件及有关该工程的技术决定等
施工单位今后施工参考、保存的档案	施工组织设计及经验采用和改进记录；技术革新建议的实验、采用和改进记录；重大质量和安全事故情况，原因分析及补救措施记录；有关重大技术决定和其他施工技术管理的经验总结；施工日志等

案资料全面收集，以及在此基础上，对技术档案材料所进行的科学的分类和有秩序的排列。一般按工程项目进行分类，而每一类又可以按专业分为若干细类，以便查找。

4. 工程质量监督管理部门的监督管理资料

这是指建设单位委托工程质量监督站进行的监督工作，主要有以下内容：

（1）工程质量委托书。是建设单位将质量监督任务委托给质量监督部门的一种手续。委托书的内容包括监督形式、方法和监督项目以及建设单位应提供的技术文件，经双方签字加盖单位印章即可生效，具备法律性，由建设单位归人技术资料档案。

（2）工程质量监督重点。监督工作开始前，要明确监督员根据设计意图和设计说明以及建设单位要求、工程特点制定出的工程质量监督的重点，重点部位必须经过监督部门检查后方能进行下道工序的施工。工程质量监督重点的确定经过四方同意后履行签认手续，分发给各单位，共同遵守。

（3）监督计划经监督实现后，由监督部门签证，竣工后由施工单位归入技术资料档案。

（4）监督每项工程全过程中发生的质量问题及处理情况的记录，进行整理后由监督部门交建设单位归入技术资料档案。

（5）每项工程竣工后，监督部门组织检验，签发核验五联单，由施工单位、建设单位归档。

5. 工程质量检查和验收

在现场施工过程中，为了保证工程质量，必须根据国家规定的质量标准逐项检查操作质量和中间产品质量，并根据装饰工程的特点，在质量检查的基础上进行隐蔽工程、分项工程和竣工工程的验收。

6. 技术措施

技术措施是为了克服生产中的薄弱环节，挖掘生产潜力，保证完成生产任务，获得良好的经济效果，在提高技术水平方面采取的各种手段和方法。要做好技术措施工作，必须编制技术措施计划，落实技术责任。技术措施计划的主要内容如表6-3所示。

表6-3　　　　技术措施的内容

序号	技术措施
1	引进和吸收先进的施工工艺和操作技术，加快施工进度，提高劳动生产率等措施
2	保证和提高工程质量的技术措施
3	节约劳动力、原材料、动力、燃料、降低成本，提高经济效益的技术措施
4	推广新技术、新工艺、新结构、新材料的措施
5	提高机械化施工水平，改进机械设备和完善组织管理的措施
6	保证安全施工和环境保护的措施
7	采用现代化的管理手段和方法

7. 技术规程

建筑装饰工程技术规程是施工及验收规范的具体化，对建筑装饰工程的施工过程、操作方法、设备和工具的使用、施工安全技术要求等做出具体技术规定，用以指导建筑装饰工人进行技术操作。

在贯彻施工及验收规范时，要根据各个地区的实际情况来具体制定，因为各个地区的操作习惯不同，由此引发的区域情况也不相同。从字面上来看，技术规程就是各地区（各企业）为了更好地贯彻执行国家的技术标准，根据施工及验收规范的要求，结合本地区（企业）的实际情况，在保证达到技术标准的前提下，做出的具体技术规定。建筑装饰工程中常见的技术规程如表6-4所示。

技术标准和技术规程一经颁发就必须严格执行，但是技术标准和技术规程并不是一成不变的，随着技术和经济发展，需要适时地对它们进行修订。

8. 技术革新

技术革新是对企业现有技术水平进行改进、更

表6-4　　　　　　　　　　　　　　　常用的技术规程

类别	技术规程
施工工艺规程	规定了施工的工艺要求、施工顺序、质量要求等
施工操作规程	规定了各种主要工种在施工中的操作方法、技术要求、质量标准、安全技术等；工人在生产中必须严格执行施工操作规程，以保证工程质量和生产安全
设备维护和检修工程	按设备磨损的规律，对设备的日常维护和检修的规定，目的在于使设备的零部件完整齐全、清洁、润滑、紧固、调整、防腐蚀等技术性能良好，设备操作安全，原始记录齐全
安全操作规程	为了保证在施工过程中人身安全和设备运行安全所做的规定

新和提高的工作。它会带来技术质量的变化，使企业的技术水平不断提高，技术革新的主要内容如表6-5所示。

表6-5　　　　技术革新的内容

序号	技术革新内容
1	改进现行施工工艺和操作技术
2	改革原料、材料和资源的利用方法
3	改进施工机具，改革操作方法，提高机具利用率
4	做好技术改革新成果的巩固、提高和推广工作

开展技术革新必须加强领导，发动群众，调动各方面的积极性与创造性。因此，在组织上和方法上要做好以下几项工作：

（1）联系群众，解决施工生产中的关键问题。

（2）解放思想，勇于探索，尊重科学，组织攻关。

（3）做好技术革新成果的巩固、提高和推广工作。

（4）认真计算技术革新在促进生产发展中的效果，同时要根据革新成果被采纳后所带来的生产效果的大小，对技术革新提出人给予适当的奖励。

🅡 补充要点

编制技术交底文件的注意事项

1. 技术交底文件的编写应在施工组织设计或施工方案编制以后进行，是将施工组织设计或施工方案中的有关内容纳入施工技术交底之中的，因此，不能偏离施工组织设计的内容。

2. 技术交底文件的编写不能完全照搬施工组织设计的内容，应根据实施工程的具体特点，综合考虑各种因素，提高质量，保证可行，便于实施。

3. 凡是本工程或本项目交底中没有或不包括的内容，一律不得照抄规范和规定。

4. 技术交底需要补充或变更时应编写补充或变更交底文件。

第三节 建筑装饰工程技术管理措施

一、加强技术管理制度的实施

1. 图纸会审制度

图纸会审制度是指每项工程在施工前，均要在熟悉图纸的基础上，对图纸进行会审。其目的是领会设计意图，明确技术要求，发现其中的问题和差错，以避免造成技术事故和经济上的浪费。

2. 施工技术交底制度

技术交底是指工程开工之前，由各级技术负责人将有关工程的各项技术逐级向下宣传、贯彻，直至施工现场，使各级技术人员和工人明确各自所担负的任务及其特点、技术要求及施工工艺等。因此，要制定相关的制度，以保证技术责任制的落实、技术管理体系正常运转、技术工作按标准和要求运行。

3. 材料检验制度

在装饰施工中，使用的所有材料、构配件和设备等物资，必须由供方部门提供合格证明和检验单，各种材料在使用前按规定抽样检验，新材料要经过技术鉴定合格后才能在工程上使用。

4. 技术复核制度

在现场施工中，为避免发生重大差错，对重要的或影响工程全局的技术工作，施工企业应认真健全现场技术复核制度，明确技术复核的具体项目。

复核中，发现问题要及时纠正。

5. 施工日志制度

施工日志，是工程项目施工过程中有关施工技术方面的原始记录，是改进和提高技术管理水平的重要依据。技术负责人应从工程施工开始到工程竣工为止，不间断地详细记录每天的施工情况。

6. 工程质量检查和验收制度

制定工程质量检查和验收制度的目的在于加强工程施工质量的控制，避免质量差错造成永久隐患，并为质量等级评定提供数据和参考，为工程累积技术资料。工程质量检查和验收制度包括预检制度、工程隐检制度、工程分阶段验收制度、竣工检查验收制度、分项工程交接验收制度等。

7. 工程施工技术资料管理制度

工程施工技术资料是装饰施工企业根据有关规定，在施工过程中形成的应当归档保存的各种图纸、表格、文字、音像材料等技术文件材料的总称，是工程施工及竣工验收交付使用的必备条件，也是对工程进行检查、维护、管理、使用、改建和扩建的依据。制定该制度的目的是为了加强对工程施工技术资料的统一管理，提高工程质量的管理水平。它必须贯彻国家和地区有关技术标准、技术规

R 补充要点

工程施工日志的内容

1. 工程开、竣工日期以及主要分部工程的施工起止日期。

2. 技术资料及技术交底等事项。

3. 工程准备情况，包括临时设施、现场"三通一平"，人员、机具、材料的准备，图纸会审的主要问题记录，业主交与施工单位的中心点、标高点的记录及复测记录。

4. 材料、半成品的检验与试验。

5. 主要材料、设备及其资料的到货情况。

6. 设计变更的日期及主要内容。

7. 记录工程的测量情况。

8. 记录工程的自检、专检情况（特别是隐蔽工程记录）。

9. 工序的交接记录。

10. 业主、监理代表现场确认的有关事宜。

11. 工期紧急情况下采取的特殊措施和施工方法。

12. 施工现场有关的工程进展情况。

13. 质量、安全、机械事故的情况，发生原因及处理方法的记录。

14. 有关领导或职能部门对工程所做的生产、技术方面的决定或建议。

15. 工程项目试车记录。

16. 气候、地质等自然灾害以及其他特殊情况（如停电、停水、停工待料）的记录。

程和技术规定，以及企业有关的技术管理制度。

二、对建筑装饰进行功能分析

我们常常把建筑装饰理解为非功能性的，建筑装饰的目标是创造审美价值。在现实主义者眼里，装饰可有可无，甚至觉得是多余的。所以，他们极力反对在建筑中使用装饰。而实际上，装饰对于建筑来说，从来不是一种简单的工程。如果我们把建筑与美联系起来，装饰的因素就会油然而生。装饰不仅具有结构上的功能，同时也有传递信息的功能和美学功能。

从古代建筑到现代建筑的发展历程中，我们不难发现，装饰元素在远古时代就得到了建筑师的极大重视。装饰和建筑结合在一起，得到了一个完整的主题。装饰总是与其功能联系在一起的，从某种角度上说，不存在没有装饰的功能，也不存在没有功能的装饰。

三、加强施工前准备工作

按一般施工程序应按先上后下、先难后易的原则编制装饰装修施工方案，才能更好地体现出建筑装饰技术的优势。

（1）编写外协项目的施工措施和质量控制措施。

（2）编制现场预制构件（装饰造型）的安装位置方案。

（3）编制合理的交叉施工作业方案与措施。依据施工总进度来计划施工时间、施工人员、施工场地，协调好各部门之间的施工。检查施工质量、进度、安全这三大方面的问题，一旦发现问题，要做到及时整改，使工程施工的质量得到良好的管理与恰当的控制，还要使工期、进度得到保证。

（4）配合设计方确定所需材料的品牌、材质、规格，精心测算所需材料的数量，组织材料商供货。在采购中一些品类较多的材料，必须将数量（含实际损耗率）、品牌、规格、产地等一一标识清楚，材料的尺寸、材质、模板需一次购买到位，避免出现因批次不同而出现的色差等问题，因此出现影响工程进度实施的现象。

（5）应根据实际现场情况及进度情况，合理安排施工材料进场，对材料做进场验收、抽检抽样，并将检查结果上报建设单位、设计单位。

值得注意的是，在施工的全过程中，要对材料进行清检造册登记，严格按照施工进度凭材料出库单发放使用，避免材料过度浪费，因此，需对发放的材料进行追踪，避免重要材料丢失，特别是对型材下料这一环节要进行严格控制。对于材料的库存量，库管员需要定时整理盘点，及时补充材料库存，并注意对材料进行分类堆放，易燃品、防潮品均需采取相应的材料保护措施。

四、加强技术措施的完善

在施工过程中，务必做好技术准备工作。首先，相关施工人员必须熟悉施工图纸（包括装修图纸、建筑图、机电图等），针对具体的施工合同要求，最大限度优化每一道工序，每分项（部）工程，同时考虑自身的资源条件，如施工队伍、材料供应、资金、设备等。

其次，认真、合理地做好施工组织计划，并以横道图或网络图的形式表示出来，由大到小，由面及点，确保每一分项工程能纳入管制范围内。针对工程施工技术的特点，除了合理的施工组织计划外，还必须在具体的施工工艺上做好技术准备，特别是高新技术要求的施工工艺。

技术储备包括技术管理人员，技术工长及工人，新技术新工艺的培训，施工规范，技术交底等工作。同时，只有拥有高素质的技术管理人员，洞悉具体的施工工艺，才能确保施工过程的每一道工

序步骤尽在掌握之中，熟记于心。

再次，做好各方面应对突发情况的处理方案，以保证此次建筑装饰工程能按时保质地完成。通过有计划、有目的地培训和技术交底，使施工技术工人、工长熟悉新的施工工艺、新的材料特性，共同提高技术操作施工水平，进而保证施工质量。

最后，从技术角度出发，施工质量是否达到相关的设计要求和有关规范标准要求，仅仅从施工过程中的每道工序做出严格的要求是远远不够的，必须有严格的质量检查制度，完善的质检制度、质检方式都必须经过科学的论证，所以，必须针对每个工序、施工工艺的具体情况提出不同的质量验收标准，以确保工程质量达到质检标准。

五、加强成品保护问题

针对装饰工程项目的特点，成品保护环节至关重要。成品保护作为施工的最后一道工序，任何一点瑕疵都会破坏整体的美感，影响装饰工程验收。因此，必须对成品进行保护工作，采用主动与被动保护相结合的方式，主动保护是采取相应的相关防范强制性的制度，如不准在成品地面上使用铁梯、重物等规定；被动保护是采取相关的防碰撞手段来保护成品，如在玻璃等易碎品上遮盖胶合板等措施，或者覆上保护膜。简而言之，成品保护的问题十分重要，成品是施工人员辛勤劳作的结晶，不允许受到破坏。应灌输成品保护意识，提高施工人员的认识。

六、加强对施工环境的技术控制

施工环境对装饰工程的影响很大，尤其是油漆工程，环境的好坏能带来十分明显的影响。在进行油漆施工时，施工现场不得有灰尘，且天气必须晴朗，为了保证工程质量，必须控制好油漆工程施工环境，要求施工管理人员在进行工序安排时，要避免环境污染。同时，还要保证各个工序施工对环境

的要求，避免施工污染，如室温要求、基体干燥要求、空气清洁要求等。

如果冬季施工，室内温度达不到施工要求时，则要制定相应的保温升温措施，同时要做好防火措施。

七、制定科技人员发展规划及实施办法

在建筑装修行业，技术人员已越来越被企业所重视，人才专业结构的合理组合已成为企业人才发展规划的侧重点。从装饰企业角度来看，设计与施工是两个重要的一线部门，对相关技术人员的要求标准高，管理层的人员配置又需要管理加技术的复合型人才，人才的综合素质越高，企业的发展潜力和市场竞争力就会越大，这是不容置疑的事实。

人才发展规划是根据企业规模、实力和发展规划而制定的，不可能一蹴而就。因此，在企业发展的大目标下，有计划、有侧重地逐步招聘，培养优秀的技术人员，合理使用人才，其实施进程不是一个短暂的时间，要不断调整、平衡、优化，使企业的人才资源配置合理，加快企业的发展步伐。

企业的技术质量管理，是企业在不断发展的过程中积累下来的宝贵财富，通过总结、完善而形成

的制度或措施，它通过内部和外部条件的转化和提高而逐步完善，而这一过程是需要漫长的时间来修正、补充和检验的。因此，技术质量的控制是否有效，成为是否修改现阶段措施的基本条件。基于该点来衡量技术质量管理工作，将会得出正确的判断；相反，则要巩固与加强管理力度，使企业发展。

> **ℝ 补充要点**
>
> **施工现场处理事故的工作程序**
>
> 1. 接到报案后，立即赶赴事故现场，核实事故情况。
> 2. 将初步核实情况报上级安全生产监督管理部门。
> 3. 会同相关部门成立事故调查组，对事故进行调查处理。
> 4. 24小时内，将事故初步调查情况以书面形式报上级建设行政主管部门。
> 5. 督促事故单位整改，消除隐患。
> 6. 督促落实事故调查组提出的事故处理意见。
> 7. 收集、整理事故调查材料，归档备查。

第四节　建筑装饰工程技术的发展前景

一、建筑施工技术的发展现状

中华人民共和国成立以来，我们在施工技术方面取得了长足的发展，掌握了大型工业建筑、多高层民用建筑与公共建筑施工的成套技术（表6-6）。

二、建筑施工技术的发展趋势

我国建筑业经过几十年的发展，取得了显著成绩和突破性进展，也充分显示出我国在建筑施工技术的实力。特别是超高层建（构）筑物和新

表6-6 建筑施工技术

施工技术	发展状况	图例
地基处理 （人工地基）	推广了钻孔灌注桩、旋喷桩、挖孔桩、振冲法、深层搅拌法、强夯法、地下连续墙、土层锚杆、逆作法等施工技术	
基础工程 （基坑支护技术）	挡土结构、防水帷幕、支撑技术、降水技术及环境保护技术	
现浇钢筋混凝土模板工程	推广了爬模、滑模、台模、筒子模、隧道模、组合钢模板、大模板、早拆模板体系	
粗钢筋连接技术	电渣压力焊、钢筋气压焊、钢筋冷压连接、钢筋直螺纹连接等	
混凝土工程	泵送混凝土、喷射混凝土、高强混凝土以及混凝土制备和运输的机械化、自动化设备	

续表

施工技术	发展状况	图例
预制构件	不断完善挤压成型、热拌热模等	
预应力混凝土	无粘结工艺和整体预应力结构，推广了高效预应力混凝土技术	
钢结构	采用了高层钢结构技术、空间钢结构技术、轻钢结构技术、钢管混凝土技术、高强度螺栓连接与焊接技术和钢结构防护技术	
大型结构吊装	随着大跨度结构和高耸结构的发展，创造了一系列具有中国特色的整体吊装技术。如集群千斤顶的同步整体提升技术	
墙体改革	利用各种工业废料制成了粉煤灰矿渣混凝土大板，膨胀珍珠岩混凝土大板、煤渣混凝土大板等大型墙板、混凝土小型空心砌块建筑体系，框架轻墙建筑体系，外墙保温隔热技术、液压滑模操作平台自动调平装置	
电子计算机在工程上的应用	工程项目管理集成系统、数据采集与数据控制、计算机辅助项目费用估算与费用控制等	暂无

型钢结构建筑的兴起，对我国建筑施工工程技术的进步产生了巨大的推动力，促使我国建筑施工水平再上新台阶，有些已达到国际先进水平。

1994年8月，建设部发出《关于建筑业1994年、1995年和"九五"期间重点推广应用10项新技术的通知》，提出通过建立示范工程，促进新技术推广应用的思路。《建筑业10项新技术》的推广应

用，对推进建筑业技术进步起到了积极作用。为适应当前建筑业技术迅速发展的形势，加快推广应用促进建筑业结构升级和可持续发展的共性技术和关键技术，2005年和2010年分别对《建筑业10项新技术》进行了修订，如表6-7所示为2005年和2010年分别对《建筑业10项新技术》对比。

表6-7　　　　　　　　　　　　2005年和2010年《建筑业10项新技术》部分对比

名称	2005 年	名称	2010 年
高效钢筋与预应力技术	1. 高效钢筋应用技术 2. HRB400 级钢筋应用 3. 钢筋焊接网应用技术 4. 冷轧带肋钢筋焊接网 5. HRB400 级钢筋焊接网 6. 焊接筋笼 7. 粗直径钢筋直螺纹机械连接技术 8. 预应力施工技术 9. 无粘结预应力成套技术 10. 有粘结预应力成套技术 11. 拉索施工技术	钢筋与预应力技术	1. 高强钢筋应用技术 2. 钢筋焊接网应用技术 3. 大直径钢筋直螺纹连接技术 4. 无粘结预应力技术 5. 有粘结预应力成套技术 6. 索结构预应力施工技术 7. 建筑用成型钢筋制品加工与配送技术 8. 钢筋机械锚固技术
钢结构技术	1. 钢结构 CAD 设计与 CAM 制造技术 2. 钢结构施工安装技术 3. 厚钢板焊接技术 4. 钢结构安装施工仿真技术 5. 大跨度空间结构与大跨度钢结构的整体顶升与提升施工技术 6. 钢与混凝土组合结构技术 7. 预应力钢结构技术 8. 住宅结构技术 9. 高强度钢材的应用技术 10. 钢结构防火防腐技术	钢结构技术	1. 深化设计技术 2. 厚钢板焊接技术 3. 大型钢结构滑移安装施工技术 4. 钢结构与大型设备计算机控制整体顶升与提升安装施工技术 5. 钢与混凝土组合结构技术 6. 住宅结构技术 7. 高强度钢材的应用技术 8. 大型复杂膜结构施工技术 9. 模块式钢结构框架组装、吊装技术
高性能混凝土技术	1. 混凝土裂缝防治技术 2. 自密实混凝土技术 3. 混凝土耐久性技术 4. 清水混凝土技术 5. 超高泵送混凝土技术 6. 改性沥青路面施工技术	混凝土技术	1. 混凝土技术 2. 高耐久性混凝土 3. 高强高性能混凝土 4. 自密实混凝土技术 5. 轻骨料混凝土 6. 纤维混凝土 7. 混凝土裂缝控制技术 8. 超高泵送混凝土技术 9. 预制混凝土装配整体式结构施工技术

Ⓡ 补充要点

《建筑业10项新技术2010》

　　《建筑业10项新技术2010》内容包括建筑业的10项新技术，分别为地基基础和地下空间工程技术、混凝土技术、钢筋及预应力技术、模板及脚手架技术、钢结构技术、机电安装工程技术、绿色施工技术、防水技术、抗震加固与监测技术、信息化应用技术。《建筑业10项新技术2010》可供建筑施工技术人员、建筑工程设计人员、科研人员及建筑工程管理人员参考使用。

三、建筑施工技术政策

　　加强建筑施工新技术研发，大力推广应用建筑业10项新技术，强调绿色施工技术，实施节能减排，依托技术进步和科学管理，提高工程质量和安全，全面提升我国建筑业技术水平。

　　（1）积极应用地基基础与地下结构施工新技术。

　　（2）推广应用钢筋商业配送、建筑构配件预制生产技术，提高建筑工业化水平。

　　（3）进行混凝土的绿色技术研究，提高混凝土总体技术水平。

　　（4）积极推广新型脚手架与模板技术。

　　（5）进一步加强防水工程技术研究，提高建筑工程防水性能。

　　（6）持续推进钢结构制作和安装技术进步，提高我国钢结构总体技术水平。

　　（7）提高设备管线安装和连接技术。

　　（8）加强安全质量体系建设，推进安全质量技术进步。

　　（9）加速建筑施工行业的信息化进程，促进建筑业施工和管理技术进步。

　　（10）以节能降耗为突破口，积极推进绿色施工。

Ⓢ 本章小结

本章从建筑施工技术管理的角度出发，对施工技术的概念、管理措施、发展趋势进行了十分细致的编写，在编写过程中，引入国家对建筑施工技术方面的规定与政策，对建筑装饰施工技术的发展现状与前景的概述，以及对工程技术管理的管理形式、内容作了全面的介绍。通过学习，能够了解到技术管理与建筑装饰施工管理之间的区别。

Ⓟ 课后练习

1. 什么是建筑装饰工程技术管理？
2. 建筑装饰工程技术管理的主要内容是什么？
3. 施工技术档案管理的要点是什么？
4. 技术管理的主要工作有哪些？最为重要的一点是什么？

5. 技术资料管理制度对现场施工来说，其重要性是什么？
6. 我国建筑施工技术的发展如何？优势是什么？
7. 对比2005年和2010年《建筑业10项新技术》，分析二者之间的修订变化。

★ 思政训练

1. 查阅国有工程建设企业相关资料，思考建设党政干部在工程技术管理中的职责有哪些？如何让党政干部加强对技术资料的管理？

2. 讨论我国建筑装饰工程技术管理与施工管理目前急需解决的政治工作问题。

第七章

建筑装饰工程质量管理

PPT 课件
（扫码下载）

» 学习难度：★ ★ ★ ★ ★

» 重点概念：工程资源管理、质量控制、管理体系

» 章节导读：装饰工程项目技术资源管理的特点主要表现为所需资源的种类多、需求
　　　　　　量大，以及装饰工程项目建设过程中的不均衡性。资源供应受外界影响大，
　　　　　　具有复杂性和不确定性，资源经常需要在多个装饰项目中协调；资源对装
　　　　　　饰项目成本的影响大。因此资源管理的科学与否直接影响装饰项目的经
　　　　　　济效益。质量管理是指确定质量方针、目标和职责，并在质量体系中通
　　　　　　过诸如质量策划、质量控制、质量保证和质量改进使其实施的全部管理
　　　　　　职能的所有活动。

第一节　工程质量管理概述

质量管理是指:"确定质量方针、目标和职责,并在质量体系中通过诸如质量策划、质量控制、质量保证和质量改进使其实施的全部管理职能的所有活动。"

质量管理是项目组织在整个生产和经营过程中,围绕着产品质量形成的全过程实施的,是项目组织各项管理的主线。

一、工程项目质量形成的影响因素

由于工程项目具有单项性、一次性、长期性、生产管理方式的特殊性等特点,所以工程本身的质量影响因素多,质量波动大、质量变异大。以下主要介绍工程项目各阶段对质量形成的影响。

1. 人的质量意识和质量能力

人是质量活动的主体,对建设工程项目而言,人是泛指与工程有关的单位、组织及个人,他们对工程项目质量的影响贯穿于自始至终全过程。包括:建设单位;勘察设计单位;施工承包单位;监理及咨询服务单位;政府主管及工程质量监督、检测单位;策划者、设计者、作业者、管理者等。

2. 建设项目的决策因素

没有经过资源论证、市场需求预测,盲目建设,重复建设,建成后不能投入生产或使用,所形成的合格而无用途的建筑产品,从根本上是社会资源的极大浪费,不具备质量的适用性特征。同样盲目追求高标准,缺乏质量经济性考虑的决策,也将对工程质量的形成产生不利的影响。

3. 建设工程项目勘察因素

包括建设项目技术经济条件勘察和工程地质条件勘察,前者直接影响项目决策,后者直接关系工程设计的依据和基础资料。

4. 建设工程项目的总体规划和设计因素

总体规划关系到土地的合理利用、功能组织和平面布局,竖向设计,总体运输及交通组织的合理性;工程设计具体确定建筑产品的质量目标价值,直接将建设意图变成工程蓝图,将适用、经济、美观融为一体,为建设施工提供质量标准和依据。建筑构造与结构的设计合理性、可靠性以及施工性都直接影响工程质量。

5. 建筑材料、构配件及相关工程用品的质量因素

建筑材料、构配件及相关工程用品是建筑生产的劳动对象。建筑质量的水平在很大程度上取决于材料工业的发展,原材料、建筑装饰装潢材料及其制品的开发,导致人们对建筑消费需求日新月异的变化。因此,正确合理选择材料、控制材料、构配件及工程用品的质量规格、性能特性是否符合设计规定标准,直接关系到工程项目的质量形成。

6. 工程项目的施工方案

包括施工技术方案和施工组织方案。前者指施工的技术、工艺、方法和机械、设备、模具等施工手段的配置。显然,如果施工技术落后,方法不当,机具有缺陷,都将对工程质量的形成产生影响。后者是指施工程序、工艺顺序、施工流向、劳动组织方面的决定和安排。通常的施工程序是先准备后施工,先场外后场内,先地下后地上,先深后浅,先主体构造后装修,先土建后安装等,都应在施工方案中明确,并编制相应的施工组织设计。

7. 工程项目的施工环境

包括地质水文气候等自然环境及施工现场的通风、照明、安全卫生防护设施等劳动作业环境,以及由工程承发包合同结构所派生的多单位、多专业共同施工的管理关系,组织协调方式及现场施工质

量控制系统等构成的管理环境对工程质量的形成产生相当大的影响。

二、工程项目质量管理方法

1. PDCA循环质量管理

PDCA循环（图7-1）是人们在管理实践形成的基本理论方法。从实践论的角度看，管理就是确定任务目标，并按照PDCA循环原理来实现预期目标。由此可见PDCA是质量管理的基本方法。

（1）计划P（plan）。可以理解为质量计划阶段，明确目标并制订实现目标的行动方案。在建设工程项目的实施中，"计划"是指各相关主体根据其任务目标和责任范围，确定质量控制的组织制度、工作程序、技术方法、业务流程、资源配置、检验试验要求、质量记录方式、不合格处理、管理措施等具体内容和做法的文件，"计划"还须对其实现预期目标的可行性、有效性、经济合理性进行分析论证，按照规定的程序与权限审批执行。

（2）实施D（do）。包含两个环节，即计划行动方案的交底和按计划规定的方法与要求展开工程作业技术活动。计划交底的目的在于使具体的作业者和管理者，明确计划的意图和要求，掌握标准，从而规范行为，全面地执行计划的行动方案，步调一致地去努力实现预期的目标。

（3）检查C（check）。指对计划实施过程进行各种检查，包括作业者的自检、互检和专职管理者专检。各类检查都包含两大方面：一是检查是否严格执行了计划的行动方案，实际条件是否发生了变化，不执行计划的原因；二是检查计划执行的结果，即产出的质量是否达到标准的要求，对此进行确认和评价。

（4）处置A（action）。对于质量检查所发现的质量问题或质量不合格，及时进行原因分析，采取必要的措施予以纠正，保持质量形成的受控状态。

处理分纠偏和预防的两个步骤：一是采取应急措施，解决当前的质量问题；二是信息反馈管理部门，反思问题症结或计划时的不周，为今后类似问题的质量预防提供借鉴。

2. 三全质量管理

三全管理是来自于全面质量管理TQC的思想，同时包括在质量体系标准（GB/TI9000和ISO9000）中，它指生产企业的质量管理应该是全

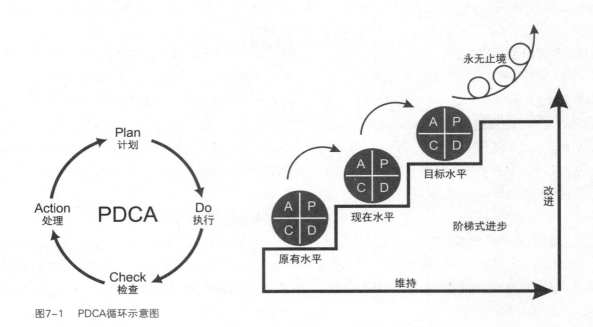

图7-1　PDCA循环示意图

面、全过程和全员参与的（图7-2）。

（1）全面质量管理。建设工程项目的全面质量管理是指建设工程各方干系人所进行的工程项目质量管理的总称，其中包括工程（产品）质量和工作质量的全面管理。工作质量是产品质量的保证，工作质量直接影响产品质量的形成。

（2）全过程质量管理。全过程质量管理是指根据工程质量的形成规律，从源头抓起，全过程推进。GB/TI9000强调质量管理的"过程方法"管理原则。按照建设程序、建设工程从项目建议书或建设构想提出，历经项目决策、勘察、设计、发包、施工、验收、使用等各个有机联系的环节，构成了

建设项目的总过程。其中每个环节又由诸多相互关联的活动构成相应的具体过程，因此，必须掌握识别过程和应用"过程方法"进行全过程质量控制。

（3）全员参与质量管理。从全面质量管理的观点看，无论组织内部的管理者还是作业者，每个岗位都承担着相应的质量职能，一旦确定了质量方针目标，就应组织和动员全体员工参与到实施质量方针的系统活动中去，发挥自己的角色作用。全员参与质量管理的方法使质量总目标分解落实到每个部门和岗位。就企业而言，如果存在哪个岗位没有自己的工作目标和质量目标，说明这个岗位就是多余的，应予调整。

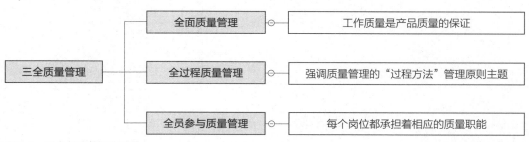

图7-2 三全质量管理流程

ℝ 补充要点

PDCA的局限

随着更多项目管理中应用PDCA，在运用的过程中发现了很多问题，因为PDCA中不含有人的创造性的内容。它只是让人如何完善现有工作，所以这导致惯性思维的产生，习惯了PDCA的人很容易按流程工作，因为没有什么压力让他来实现创造性。所以，PDCA在实际的项目中有一定的局限性。

第二节　工程质量控制

质量控制是指为达到质量要求所采取的作业技术和活动。工程项目质量控制是指为达到工程质量要求所采取的作业技术和活动。质量控制是质量管理的一部分，是致力于满足质量要求的一系列

相关活动。

建设工程质量控制是为以工程项目质量要求所采取的作业技术和管理活动。作业技术和管理活动是相辅相成的。作业技术是直接产生产品或服务质

量的条件，但并不是具备相关作业技术能力，就都能产生合格的质量。在社会化大生产的条件下，还必须通过科学的管理，来组织和协调作业技术活动的过程，以充分发挥其质量形成能力，实现预期的质量目标（图7-3）。

图7-3 工程质量控制全过程

一、各阶段工程质量的控制

按工程质量形成过程各阶段的质量控制分为决策阶段的质量控制、工程勘察设计阶段的质量控制、工程施工阶段的质量控制。

1. 决策阶段的质量控制

主要是通过项目的可行性研究，选择最佳建设方案，使项目的质量要求符合业主的意图，并与投资目标相协调，与所在地区环境相协调。

2. 设计阶段的质量控制

主要是要选择好勘察设计单位，要保证工程设计符合决策阶段确定的质量要求，保证设计符合有关技术规范和标准的规定，要保证设计文件、图纸符合现场和施工的实际条件，其深度能满足施工的需要。

3. 施工阶段的质量控制

择优选择能保证工程质量的施工单位；严格监督承建商按设计图纸进行施工，并形成符合合同文件规定质量要求的最终建筑产品。

二、施工质量控制的依据

1. 工程合同文件

工程施工承包合同文件和委托监理合同文件中分别规定了参与建设各方在质量控制方面的权利和义务，有关各方必须履行在合同中的承诺。

2. 工程设计文件

"按图施工"是施工阶段质量控制的一项重要原则。因此，经过批准的设计图纸和技术说明书等设计文件，无疑是质量控制的重要依据。

3. 遵循国家相关规定

在施工质量控制中，要遵循国家有关部门颁发的法律、法规性文件，在监管的过程中，将文件内容与文件精神下达到施工中。

4. 有关质量检验与法规性文件

这类文件一般是针对不同行为、不同的质量控制对象而制定的技术法规性的文件，包括各种有关的标准、规范、规程或规定，概括说来，属于装饰装修工程专门的技术法规性的依据主要有《建筑工程施工质量验收统一标准》《建筑装饰装修工程质量验收规范》，材料、半成品和构配件质量控制的专门技术法规性依据等。

R 补充要点

工程质量控制原则

项目监理机构在工程质量控制过程中，应遵循以下五条原则：坚持质量第一的原则；坚持以人为核心的原则；坚持以预防为主的原则；以合同为依据，坚持质量标准的原则；坚持科学、公平、守法的职业道德规范。

三、施工质量控制的过程

施工质量控制的过程包括施工准备质量控制、施工过程质量控制和施工验收质量控制。

1. 施工准备质量控制

施工准备质量控制是指工程项目开工前的全面施工准备和施工过程中各分部分项工程施工作业前的施工准备（或施工作业准备），此外，还包括季节性的特殊施工准备。施工准备质量虽属于工作质量范畴，但它对建设工程产品质量的形成会产生重要的影响。

2. 施工过程质量控制

施工过程质量控制是指对施工作业技术活动的投入与产出过程的质量控制，其内涵包括全过程施工生产及其中各分部分项工程的施工作业过程。

3. 施工验收质量控制

施工验收质量控制是指对已完工程验收时的质量控制，即工程产品质量控制，包括隐蔽工程验收、检验批验收、分项工程验收、分部工程验收、单位工程验收和整个建设工程项目竣工验收过程的质量控制。

四、施工质量计划的编制

按照GB/TI9000质量管理体系标准，质量计划是质量管理体系文件的组成内容。在合同环境下，质量计划是企业向顾客表明质量管理方针、目标及其具体实现的方法、手段和措施，体现企业对质量责任的承诺和实施的具体步骤。

1. 施工质量计划的编制主体

施工质量计划的编制主体是施工承包企业，在总承包的情况下，分包企业的施工质量计划是总包施工质量计划的组成部分。总包有责任对分包施工质量计划的编制进行指导和审核，并承担施工质量的连带责任。

2. 施工质量计划的文件形式

根据建筑工程生产施工的特点，目前我国工程项目施工的质量计划常用施工组织设计或施工项目管理实施规划的文件形式进行编制。

3. 施工质量计划的内容

在已经建立质量管理体系的情况下，质量计划的内容必须全面体现和落实企业质量管理体系文件的要求（也要引用质量体系文件中的相关条文），同时结合工程的特点，在质量计划中编写专项管理

要求。施工质量计划一般应包括以下内容：

（1）工程特点及施工条件分析（合同条件、法规条件和现场条件）。

（2）履行施工承包合同所必须达到的工程质量总目标及其分解目标。

（3）质量管理组织机构、人员及资源配置计划。

（4）为确保工程质量所采取的施工技术方案、施工程序。

（5）材料设备质量管理及控制措施。

（6）工程检测项目计划及方法等。

4. 施工质量控制点的设置

施工质量控制点的设置是施工质量计划的组成内容。质量控制点是施工质量控制的重点，凡属关键技术、重要部位、控制难度大、影响大、经验欠缺的施工内容以及新材料、新技术、新工艺、新设备等，均可列为质量控制点，实施重点控制。

（1）施工质量控制点设置的具体方法是：根据工程项目施工管理的基本程序，结合项目特点，在制订项目总体质量计划后，列出各基本施工过程对局部和总体质量水平有影响的项目，作为具体实施的质量控制点。

（2）施工质量控制点的管理应该是动态的，一般情况下在工程开工前、设计交底和图纸会审时，可确定一批整个项目的质量控制点，随着工程的展开，施工条件的变化，随时或定期进行控制点范围的调整和更新，始终保持重点跟踪的控制状态。

（3）施工质量计划编制完毕，应经企业技术领导审核批准，并按施工承包合同的约定提交工程监理或建设单位批准确认后执行。

五、施工生产要素的质量控制

1. 影响施工质量的五大要素（人、材、机、法、环）

（1）劳动主体——人员素质，即作业者、管理

者的素质及其组织效果。

（2）劳动对象——材料、半成品、工程用品、设备等的质量。

（3）劳动手段——工具、模具、施工机械、设备等条件。

（4）劳动方法——采取的施工工艺及技术措施的水平。

（5）施工环境——现场水文、地质、气象等自然条件；通风、照明、安全等作业环境以及协调配合的管理环境。

2. 劳动主体的控制

劳动主体（人）是指直接参与工程建筑的决策者、组织者、指挥者和操作者（四个层次）。人，作为控制对象，是避免产生失误；作为控制的动力是充分调动人的积极性，发挥"人的因素第一"的主导地位。

在工程质量控制中，应从下列几方面考虑人对质量的影响：领导者的素质；人的理论、技术水平；人的生理缺陷；人的心理行为；人的错误行为；人的违章违纪。

施工企业控制必须坚持对所选派的项目领导者、组织者进行质量意识教育和组织管理能力训练，坚持对分包商的资质考核和施工人员的资格考核，坚持工种按规定持证上岗制度。

3. 劳动对象的控制

原材料、半成品、设备是构成工程实体的基础，其质量是工程项目实体质量的组成部分。故加强原材料、半成品及设备的质量控制，不仅是提高工程质量的必要条件，也是实现工程项目投资目标和进度目标的前提。

对原材料、半成品及设备进行质量控制的主要内容为：控制材料设备性能、标准与设计文件的相符性；控制材料设备各项技术性能指标、检验测试指标与标准要求的相符性；控制材料设备进场验收程序及质量文件资料的齐全程度等。

施工企业在施工过程中应贯彻执行企业质量程序文件中一系列明确规定的控制标准，如材料设备在封样、采购、进场检验、抽样检测及质保资料提交等。

4. 施工工艺的控制

施工工艺的先进合理是直接影响工程质量、工程进度及工程造价的关键因素，施工工艺的合理可靠还直接影响到工程施工安全。因此，在工程项目质量控制系统中，制订和采用先进合理的施工工艺是工程质量控制的重要环节。

5. 施工设备的控制

（1）对施工所用的机械设备，包括起重设备、各项加工机械、专项技术设备、检查测量仪表设备及人货两用电梯等，应根据工程需要从设备选型、主要性能参数及使用操作要求等方面加以控制。

（2）对施工方案中选用的模板、脚手架等施工设备，除按适用的标准定型选用外，一般需按设计及施工要求进行专项设计，对其设计方案及制作质量的控制及验收应作为重点进行控制。

（3）按现行施工管理制度要求，工程所用的施工机械、模板、脚手架，特别是危险性较大的现场安装的起重机械设备，不仅要对其设计安装方案进行审批，而且安装完毕交付使用前必须经专业管理部门的验收，合格后方可使用。同时，在使用过程中尚需落实相应的管理制定，以确保其安全正常使用。

6. 施工环境的控制

环境因素主要包括地质水文状况、气象变化及其他不可抗力因素，以及施工现场的通风、照明、安全卫生防护设施等劳动作业环境等内容。环境因素对工程施工的影响一般难以避免，要消除其对施工质量的不利影响，主要应采取下列预测预防的控制方法。

（1）对地质水文等方面的影响因素的控制，应根据设计要求，分析地基地质资料，预测不利因素，并会同设计等方面采取相应的措施，如降水、排水、加固等技术控制方案。

（2）对天气气象方面的不利条件，应在施工方案中制订专项施工方案，明确施工措施，落实人员、器材等方面各项准备以紧急应对，从而控制其对施工质量的不利影响。

（3）对环境因素造成的施工中断，往往也会对工程质量造成不利影响，必须通过加强管理、调整计划等措施，加以控制。

六、施工作业过程的质量控制

建设工程施工项目是由一系列相互关联、相互制约的作业过程（工序）所构成，控制工程项目施工过程的质量，必须控制全部作业过程，即各道工序的施工质量。

1．施工作业过程质量控制的基本程序（图7-4）

2．施工工序质量控制要求

工序质量是施工质量的基础，工序质量也是施工顺利进行的关键，为达到对工序质量控制的效果，在工序管理方面应做到以下几点：

（1）贯彻预防为主的基本要求，设置工序质量检查点，对材料质量状况、工具设备状况、施工程序、关键操作、安全条件、新材料新工艺应用、常见质量通病，甚至包括操作者的行为等影响因素列为控制点作为重点检查项目进行预控。

（2）落实工序操作质量巡查、抽查及重要部位跟踪检查等方法，及时掌握施工质量总体状况；对工序产品、分项工程的检查应按标准要求进行目测、实测及抽样式试验的程序，做好原始记录，经数据分析后，及时做出合格及不合格的判断。

七、施工质量控制的主要途径

工程项目施工质量的控制途径，分别通过事前预控、过程控制和事后控制的相关途径进行质量控制。因此，施工质量控制的途径包括事前预控途径、事中控制途径和事后控制途径（图7-5）。

1．事前预控途径

事前预控，其内涵包括两层意思：一是强调质

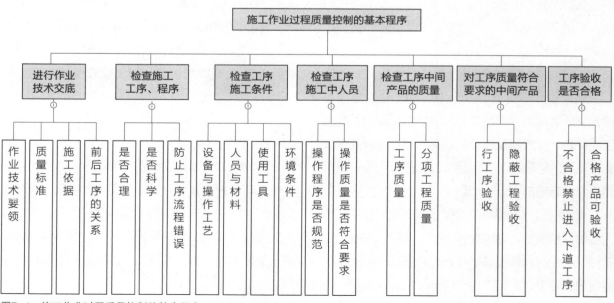

图7-4 施工作业过程质量控制的基本程序

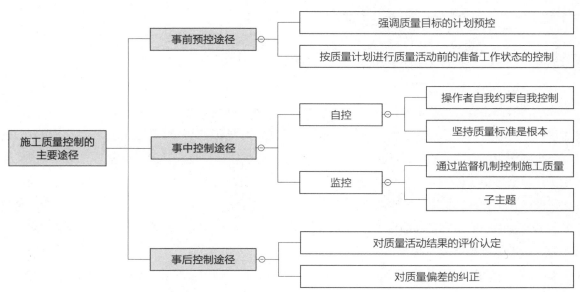

图7-5　施工质量控制的主要途径分析

量目标的计划预控；二是按质量计划进行质量活动前的准备工作状态的控制。事前预控要求预先进行周密的质量计划。尤其是工程项目阶段，制订质量计划或编制施工组织设计或施工项目管理实施规划，都必须建立在切实可行、有效实现预期质量目标的基础上，作为一种行动方案进行施工部署。

2. 事中控制途径

事中控制首先是对质量活动的行为约束，即对质量产生过程各项技术作业活动操作者的自我行为约束的同时，充分发挥其技术能力，去完成预定质量目标的作业任务；其次是对质量活动过程和结果，来自他人的监督控制，这里包括来自企业内部管理者的检查检验和来自企业外部的工程监理和政府质量监督部门等的监控。

事中控制虽然包含自控和监控两大环节，但其关键还是增强质量意识，发挥操作者自我约束、自我控制，即坚持质量标准是根本的，监控或他人控制是必要的补充，没有前者或用后者取代前者都是不正确的。因此，在企业组织的质量活动中，通过监督机制上和激励机制相结合的管理方法，来发挥操作者更好的自我控制能力，以达到质量控制的效果，是非常必要的。这也只有通过建立和实施质量体系来达到。

3. 事后控制途径

事后控制包括对质量活动结果的评价认定和对质量偏差的纠正。从理论上分析，计划预控过程所制订的行动方案考虑得越周密，事中约束监控的能力就越强越严格，实现质量预期目标的可能性就越大，理想的状况就是希望做到各项作业活动合格率100%。但客观上相当部分的工程不可能达到，因为在过程中不可避免地会存在一些计划时难以预料的影响因素，包括系统因素和偶然因素。因此，当出现质量实际值与目标值之间超出允许偏差时，必须分析原因，采取措施纠正偏差，保持质量受控状态。

以上三大环节，不是孤立和截然分开的，它们之间构成有机的系统过程，实质上也就是PDCA循环具体化，并在每一次滚动循环中不断提高，达到质量管理或质量控制的持续改进。

第三节　工程质量的划分与评定

一、分项、分部、单位工程的划分

一个建筑装饰工程，从施工准备工作开始到竣工交付使用，必须经过若干工序、若干工种的配合施工。一个建筑装饰工程质量的好坏，取决于每一道施工工序、各施工工种的操作水平和管理水平。

为了便于质量管理和控制，便于检查验收，在实际施工的过程中，把装饰工程项目划分为若干个分项工程、分部工程和单位工程。

1．分项工程的划分

建筑装饰工程分项工程的划分，可以按其主要工种划分，也可以按施工顺序和所使用的不同材料来划分。例如，抹灰工工种的墙面抹灰工程、墙面贴瓷砖工程等。

建筑装饰工程的分项工程，原则上对楼房按楼层划分，单层建筑按变形缝划分。如果一层中的面积较大，在主体结构施工时已经分段，也可在按楼层的基础上，再按段进行划分，以便于质量控制。

每完成一层（段），验收评定一层（段），以便及时发现问题、及时修理。如能按楼层划分的，尽可能按楼层划分；对于一些小的项目或按楼层划分有困难的项目，也可以不按楼层划分，但在一个单位工程中应尽可能一致。所以，在评定一个分项工程时，可能会出现多个同名称的分项工程。

2．分部工程的划分

按照GB 50300—2001的规定，建筑工程按主要部位划分为：地基与基础、主体结构、建筑装饰、建筑屋面、建筑给排水及采暖、建筑电气、智能建筑、通风与空调系统和电梯9个分部工程。在建筑装饰工程中，主要涉及地面、抹灰、门窗、吊顶、轻质隔墙、幕墙、涂饰、裱糊与软包、细部及饰面砖（板）等子分部工程。

建筑装饰工程各分部工程及其所含的主要分项工程，如表7-1所示。

表7-1　　　　　　　　　　建筑装饰工程各分部工程及其分项工程

序号	分部工程名称	分项工程内容	图例
1	地面工程	各种材料的面层，如混凝土、砂浆、砖、大理石、塑料板、瓷砖、地毯、竹地板、木地板、复合地板等	
2	抹灰工程	一般墙面抹灰、装饰抹灰、墙体勾缝	

续表

序号	分部工程名称	分项工程内容	图例
3	门窗工程	木门窗制作与安装；金属门窗、塑料门窗、门窗玻璃、特种门的安装	
4	吊顶工程	暗龙骨吊顶、明龙骨吊顶	
5	轻质隔墙工程	板材隔墙、骨架隔墙、活动隔墙、玻璃隔墙	
6	幕墙工程	玻璃幕墙、金属幕墙、石材幕墙	
7	涂饰工程	包含饰面板、饰面砖的粘贴	

续表

序号	分部工程名称	分项工程内容	图例
8	软包工程	家具软包与墙面软包	
9	饰面砖工程	主要包括花岗岩、大理石饰面、面砖墙面、陶瓷砖饰面	
10	细部工程	包含衣柜、橱柜的制作与安装；窗帘盒、窗台板、暖气罩的制作与安装；门窗套的制作与安装；护栏、扶手的制作与安装；花饰的制作与安装	

以上分部工程中所含主要分项工程，在目前来讲还是比较适用的，但是，随着新材料、新技术、新工艺的不断涌现，很可能不会全部适用。在实际运用中可以参考GB 50300—2001、GB 50209—2002等进行检验和评定。

3. 单位工程的划分

具备独立施工条件并能形成独立使用功能的建筑物及构筑物为一个单位工程；建筑规模较大的单位工程，可将其能形成对立使用功能的部分为一个子单位工程。建筑装饰工程的单位工程由装饰工程、建筑工程和设备安装工程共同组成（图7-6）。

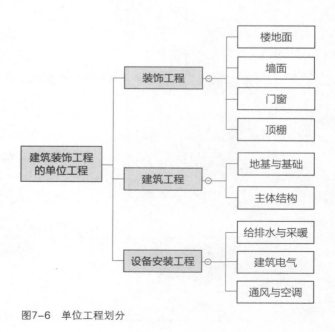

图7-6　单位工程划分

二、装饰分项工程质量的检验评定内容

1. 分项工程质量检验评定内容

分项工程质量检验评定的内容，主要包括保证项目、基本项目和允许偏差项目三部分。

（1）保证项目。保证项目是必须达到的要求，是保证工程安全或使用功能的重要项目。在规范中一般用"必须"或"严禁"这类的词语来表示，保证项目是评定该工程项目达到"合格"或"优良"所必须达到的质量指标。

保证项目包括：重要材料、配件、成品、半成品、设备性能及附件的材质、技术性能等，装饰所用焊接、砌筑结构的刚度、强度和稳定性等；在装饰工程中所用的主要材料、门窗等，幕墙工程的钢架焊接必须符合设计要求，裱糊壁纸必须粘贴牢固，无翘边、空鼓、褶皱等缺陷。

（2）基本项目。基本项目是保证工程安全或使用性能的基本要求，在规范中采用了"应"和"不应"词语来表示。基本项目对使用安全、使用功能、美观都有较大的影响，因此，"基本项目"在装饰工程中，与"保证项目"相比同等重要，同样是评定分项工程"合格"或"优良"质量等级的重要条件。

基本项目的主要内容包括：允许有一定偏差的项目，但又不宜纳入允许偏差项目范围的，放在基本项目中，用数据规定出"优良""合格"的标准；对不能确定的偏差值，无法定量评定，只能采取定性评定，可以根据缺陷数目来评定。

（3）允许偏差项目。允许偏差项目是分项工程检验项目中规定有允许偏差范围的项目。检验时允许有少数检测点的实测值略微超过允许偏差值，以其所占比例作为区分分项工程"合格"和"优良"的等级的条件之一。允许偏差项目的允许偏差值是根据制定规范时的各种技术条件、施工机具设备条件、工人技术水平，结合使用功能、观感质量等的影响程度，而定出的一定允许偏差范围。由于近十几年来，装饰施工机具不断改进，各种手持电动工具的普及，以及新技术、新工艺的应用，满足规范允许偏差值比较容易，在进行高级建筑装饰工程施工质量评定时，最好适当增加检测点的个数，并对允许偏差值进行严格控制。

允许偏差值的项目包括的内容有：有正负偏差要求的值，允许偏差值直接注明数字，不标明符号；要求大于或小于某数值或在一定范围内的数值，采用相对比例值确定偏差值。

2. 分项工程的质量等级标准

建筑装饰工程分项工程的质量等级，分为"合格"和"优良"两个等级（表7-2）。

表7-2　　　　　　　　　　建筑装饰工程分项工程的质量等级

等级划分	质量等级内容
合格	保证项目必须符合相应质量检验评定标准的规定
	基本项目抽检处（件）应符合相应质量检验评定标准的合格规定
	允许偏差项目在抽检的点数中，建筑装饰工程有80%及以上，建筑设备安装工程有80%及以上的实测值，在相应质量检验评定标准的允许偏差范围内
优良	保证项目必须符合相应质量检验评定标准的规定
	基本项目每项抽检处（件）的质量，均应符合相应质量检验评定标准的合格规定，其中50%及以上的处（件）符合优良规定，该项目即为优良，优良的项目数目应占检验项数的50%以上
	在允许偏差项目抽检的点数中，有90%及以上的实测值，均应在质量检验评定标准的允许偏差范围内，且不得有严重缺陷，尺寸偏差不得超过允许偏差数值的1.5倍

三、装饰分部工程质量的检验评定标准

1. 分部工程质量评定方法

分部工程质量的基本评定方法是用统计方法进行评定的。每个分项工程都必须达到合格标准后，才能进行分部工程质量评定。所包含分项工程的质量全部合格，分部工程才能评定为合格；在分项工程质量全部合格的基础上，分项工程有50%及以上达到优良指标，分部工程的质量才能评为优良。

在进行统计方法评定分部工程质量的同时，要注意指定的主要分项工程必须达到优良，这些分项工程要重点检查质量评定情况，特别是保证项目必须达到优良标准，基本项目的质量应达到合格标准规定。

分部工程的质量等级确认，应由相当于施工项目经理部的技术负责人组织评定，专职质量检查员核定。在进行质量等级核定时，质量检查人员应到施工现场实地对施工项目进行认真检查，检查的主要内容如下：

（1）各分项工程的划分是否正确。不同的划分方法，其分项工程的个数不同，分部工程质量评定的结果不一致。

（2）检查各分项工程的保证项目评定是否正确，主要装饰材料的原始材料质量合格证明资料是否齐全有效，应该进行检测、复试的结果是否符合有关规范要求。

（3）有关施工记录、预检记录是否齐全，签证是否齐全有效。

（4）现场检查情况。对现场分项工程按规定进行抽样检查或全数检查，采用目测（适用于检查墙面的平整、顶棚的平顺、线条的顺直、色泽的均匀、装饰图案的清晰等；为确定装饰效果和缺陷的轻重程度，按规定进行正视、斜视和不等距离的观察等）；手感（适用于检测油漆表面是否光滑，油漆刷浆工程是否掉粉，检查饰面、饰物安装的牢固性）；听声音（适用于判定饰面基层及面层是否

有空鼓、脱层等，镶贴是否牢固；采用小锤轻击等方法听声音来判断）；查资料（对照有关设计图纸、产品合格证、材料试验报告或测试记录等检验是否按图施工，材料质量是否相符、合格）；实测量（利用工具采取靠、吊、照、套等手段，对实物进行检测并与目测手感相结合，得到相应的数据）等一系列手段与方法，检查有没有与质量保证资料不符合的地方，检查基本项目有没有达不到符合标准规定的地方，有没有不该出现裂缝而出现裂缝、变形、损伤的地方。如果出现问题必须先行处理，达到合格后重新复检，核定质量等级。

2. 质量验收的程序及组织

（1）施工班组自我检查是检验评定和验收的基础。GB 50300—2001规定，分项工程质量应在班组自检的基础上，由单位工程质量负责人组织有关人员进行评定，由专职质量检查员核定。根据规范要求，结合目前大多数装饰公司的实际情况，要求施工的工人班组在施工过程中严格按工艺规程和施工规范进行施工操作，并且边操作班组长边检查，发现问题及时纠正，即为自检、互检。在班组长自检合格的基础上由项目负责人组织工长、班组长对分项工程进行质量评定，然后由专职质量检查员按规范标准进行核定。分项工程达到合格及以上标准后，方可组织下道工序施工的班组进行交接检查接收。

自检、互检是班组在分项工程或分部工程交接前，由班组先进行自我检查；也可以是分包单位在交给总包单位之前，由分包单位先进行的检查；可以是某个装饰工程完工前由项目负责人组织本项目各专业有关人员参加的质量检查；还可以是装饰工程交工前由企业质量部门、技术部门组织的有部分外单位参加的预验收。对装饰工程观感和使用功能等方面出现的问题或遗留问题应及时进行记录，并

及时安排有关工种进行处理。

（2）检验评定和验收组织及程序。

①质量检验评定与核定人员的规定。GB 50300—2001规定，分项工程和分部工程质量检查评定后的核定由专职质量检查员进行。当评定等级与核定等级不一致时，应以专职质量检查员核定的质量等级为准。专职质量检查员应是具有一定专业技术和施工经验，经建设主管部门培训考核后取得质量检查员岗位证书，并在施工现场从事质量管理工作的人员。专职质量检查员所进行的核定是代表装饰企业内部质量部门对该部分的质量验收。

②检验评定组织。建筑装饰工程检验评定组织者，按照GB 50300—2001的规定，分项工程和分部工程质量等级由单位工程负责人，或相当于施工队一级的技术负责人组织评定，由专职质检员核定。单位工程质量等级由装饰企业技术负责人组织，企业技术质量部门、单位工程负责人、项目经理、分包单位、相当于施工队一级的技术负责人等参加评定，质量监督站或主管部门核定质量等级。

单位工程如果是由几个分包单位施工的，其总包单位对工程质量全面负责，各分包单位应按相应质量检查评定标准的规定，检验评定所承包范围内的分项工程和分部工程的质量等级，并将评定结果及相关资料交总包单位。

第四节　施工质量验收方法与原则

建筑装饰装修工程的子分部工程包括抹灰工程、门窗工程、吊顶工程、轻质隔墙工程、饰面板（砖）工程、幕墙工程、涂饰工程、裱糊工程、细部工程。

建筑装饰装修分部工程的质量验收应按《建筑工程施工质量验收统一标准》（GB 50300—2001）的格式记录，分部工程中各子分部工程的质量均应验收合格并应按《建筑装饰装修工程施工质量验收规范》（GB 50210—2001）的规定进行核查，当建筑工程只有装饰装修分部工程时，该工程应作为单位工程验收。有特殊要求的建筑装饰装修工程竣工验收时应按合同约定加测相关技术指标。建筑装饰装修工程的室内环境质量应符合国家现行标准《民用建筑工程室内环境污染控制规范》（GB 50325—2010）的规定。未经竣工验收合格的建筑装饰装修工程不得投入使用。

一、工程质量验收程序及组织

工程质量验收分为过程验收（检验批、分项、分部工程）和竣工验收（单位工程），其程序及组织包括：

（1）施工过程中，隐蔽工程在隐蔽前通知建设单位（或工程监理）进行验收，并形成验收文件。

（2）分部分项工程完成后，应在施工单位自行验收合格后，通知建设单位（或工程监理）验收，重要的分部分项应请设计单位参加验收。

（3）单位工程完工后，施工单位应自行组织检查、评定，符合验收标准后，向建筑单位提交验收申请。

（4）建设单位收到验收申请后，应组织施工、勘察、设计、监理单位等方面人员进行单位工程验收，明确验收结果，并形成验收报告。

（5）按国家现行管理制度，房屋建筑工程及市政基础设施工程验收合格后，尚需在规定时间（工程验收合格后5日）内，将验收文件报政府管理部门备案。

二、施工过程的质量验收标准

1. 建筑工程施工质量验收统一标准

根据建筑工程施工质量验收统一标准，建筑工程质量验收划分为检验批、分项工程、分部（子分部）工程、单位（子单位）工程。其中检验批和分项工程是质量验收的基本单元，分部工程是在所含全部分项工程验收的基础上进行验收的，它们是在施工过程中随完工随验收；而单位工程是完整的具有独立使用功能的建筑产品，进行最终的竣工验收。因此，施工过程的质量验收包括检验批质量验收、分项工程质量验收和分部工程质量验收。

2. 检验批质量验收

检验批是指按同一的生产条件或按规定的方式汇总起来供检验用的，由一定数量样本组成的检验体。检验批可根据施工及质量控制和专业验收需要按楼层、施工段、变形缝等进行划分。规范规定：检验批应由监理工程师（建设单位项目技术负责人）组织施工单位项目专业质量（技术）负责人等进行验收。

检验批合格质量应符合下列规定：

（1）主控项目和一般项目的质量经抽样检验合格。

（2）具有完整的施工操作依据、质量检查记录。

3. 分项工程质量验收规范

分项工程应按主要工种、材料、施工工艺、设备类别等进行划分，分项工程可由一个或若干检验批组成（图7-7）。分项工程应由监理工程师（建设单位项目技术负责人）组织施工单位项目专业质量（技术）负责人进行验收。分项工程质量验收合格应符合下列规定：

（1）分项工程所含的检验批均应符合合格质量的规定。

（2）分项工程所含的检验批的质量验收记录应完整。

（3）分部工程质量验收规范规定：分部工程的划分应按专业性质、建筑部位确定；当分部工程较大或较复杂时，可按材料种类、施工特点、施工程序、专业系统及类别等分为若干子分部工程。分部工程应由总监理工程师（建设单位项目负责人）组织施工单位项目负责人和技术、质量负责人等进行验收；地基与基础、主体结构分部工程的勘察、设计单位工程项目负责人和施工单位技术、质量部门负责人也应参加相关分部工程验收、分部（子分部）工程质量验收合格应符合下列规定：

①所含分项工程的质量均应验收合格。

②质量控制资料应完整。

③地基与基础、主体结构和设备安装等分部

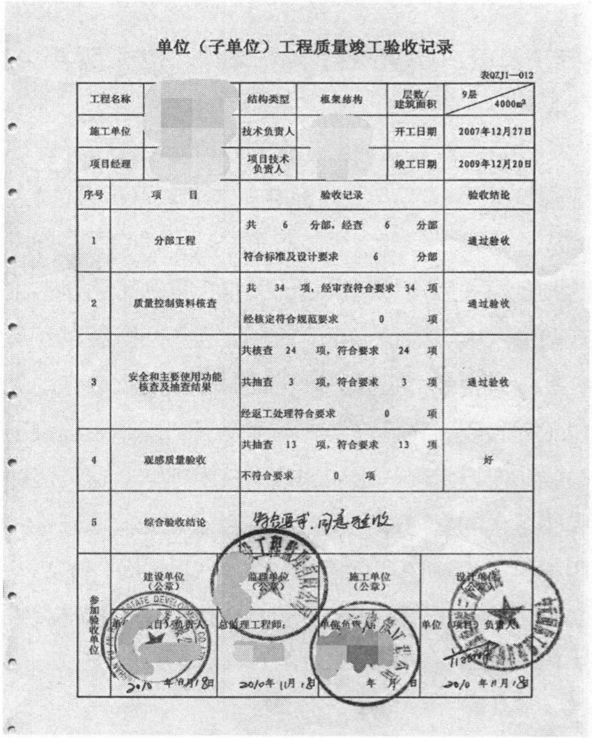

单位（子单位）工程质量竣工验收记录

表QZJ1—012

工程名称		结构类型	框架结构	层数/建筑面积	9层 / 4000m²
施工单位		技术负责人		开工日期	2007年12月27日
项目经理		项目技术负责人		竣工日期	2009年12月20日
序号	项目	验收记录			验收结论
1	分部工程	共 6 分部，经查 6 分部 符合标准及设计要求 6 分部			通过验收
2	质量控制资料核查	共 34 项，经审查符合要求 34 项 经核定符合规范要求 0 项			通过验收
3	安全和主要使用功能核查及抽查结果	共核查 24 项，符合要求 24 项 共抽查 3 项，符合要求 3 项 经返工处理符合要求 0 项			通过验收
4	观感质量验收	共抽查 13 项，符合要求 13 项 不符合要求 0 项			好
5	综合验收结论	符合要求，同意验收			
参加验收单位	建设单位（公章） 单位（项目）负责人： 2010年11月18日	监理单位（公章） 总监理工程师： 2010年11月18日	施工单位（公章） 单位负责人： 年 月 日	设计单位（公章） 单位（项目）负责人： 2010年11月18日	

图7-7 施工质量验收记录

工程有关安全及功能的检验和抽样检测结果应符合有关规定。

④观感质量验收应符合要求。

（4）施工过程质量验收中，工程质量不符合要求时按以下方法处理：

①经返工重做或更换器具、设备的检验批，应该重新进行验收。

②经有资质的检测单位检测鉴定能达到设计要求的检验批，应予以验收。

③经有资质的检测单位检测鉴定达不到设计要求，但经原设计单位核算认可能够满足结构安全和使用功能的检验批，可予以验收。

④经返修或加固处理的分项、分部工程，虽然改变外形尺寸，但仍能满足安全使用要求，可按技术处理方案和协商文件进行验收。

⑤通过返修或加固后处理仍不能满足安全使用要求的分部工程、单位（子单位）工程，严禁验收。

第五节 工程质量管理体系

一、质量管理体系标准

为了推动企业建立完善的质量管理体系，实施充分的质量保证，建立国际贸易所需要的关于质量的共同语言和规则，国际标准化组织（ISO）于1976年成立了TC176（质量管理和质量保证技术委员会），着手研究制订国际遵循的质量管理和质量保证标准。1987年，ISO/TC176发布了举世瞩目的ISO9000系列标准，我国于1988年发布了与之相应的GB/TI0300系列标准，并"等效采用"。为了更好地与国际接轨，又于1992年10月发布了GB/TI9000系列标准，并"等同采用ISO9000族标准"。1994年，国际标准化组织发布了修订后的ISO9000族标准后，我国及时将其等同转化为国家标准。

为了更好地发挥ISO9000族标准的作用，使其具有更好的适用性和可操作性，2000年12月15日国际标准化组织正式发布新的ISO9000、ISO9001和ISO9004国际标准。2000年12月28日，国家质量技术监督局正式发布GB/TI9000—2000（idt ISO9000：2000）、GB/TI9001—2000（idt ISO9001：2000）、GB/TI9004—2000（idt ISO9004：2000）三个国家标准。

二、质量管理体系原则

GB/TI9000—2000标准为了成功地领导和动作一个组织，针对所有相关方的需求，实施并保持持续改进其业绩的管理体系，做好质量管理工作。为了确保质量目标的实现，明确了以下八项质量管理原则。

1. 以顾客为关注焦点

组织依存于其顾客。因此，组织应理解顾客当前和未来的需求，满足顾客的要求并争取超越顾客的期望。组织贯彻实施以顾客为关注焦点的质量管理原则，有助于掌握市场动向，提高市场占有率，提高企业经营效果。以顾客为中心可以稳定老顾客，吸引新顾客。

2. 领导作用

强调领导作用的原则，是因为质量管理体系是最高管理者推动的，质量方针和目标是领导组织策划的，组织机械和职能分配是领导确定的，资源配置和管理是领导决定安排的，顾客和相关方要求是领导确认的，企业环境和技术进步、质量体系改进和提高是领导决策的。所以，领导者应将本组织的宗旨、方向和内部环境统一起来，并创造使员工能够充分参与实现组织目标的环境。

3. 全员参与

组织的质量管理有赖于各级人员的全员参与，激励他人头攒动工作积极性和责任感。此外，员工还应具备足够的知识、技能和经验，以胜任工作，实现对质量管理的充分参与。

4. 过程方法

过程方法是将活动和相关的资源，作为过程进行管理，可以更高效地得到期望的结果。过程概念体现了用PDCA循环改进质量活动的思想。通过过程管理可以降低成本、缩短周期，从而可更高效地获得预期效果。

5. 管理的系统方法

将相互关联的过程作为系统加以识别、理解和管理，有助于组织提高实现目标的有效性和效率。质量管理的系统方法，就是要把质量管理体系作为一个大系统，对组成质量管理体系的各个过程加以识别、理解和管理，以达到实现质量方针和质量目标。

6. 持续改进

持续改进整体业绩应当是组织的一个房屋的目标。进行质量管理的目的就是保持和提高产品质量，没有改进就不可能提高，改进的途径可以是日常渐进的改进活动，也可以是突破性的改进项目。

7. 基于事实的决策方法

有效决策是建立在数据和信息分析的基础上的。对数据和信息的逻辑分析或直觉判断是有效决策的基础。以事实为依据做决策，可以防止决策失误。

8. 与供方互利的关系

组织与供方是相互依存的，互利的关系可增强双方创造价值的能力。供方提供的产品将对组织向顾客提供满意的产品产生重要影响，能否处理好与供方的关系，影响到组织能否持续稳定地向顾客提供满意的产品。

三、质量管理体系的建立与实施

建立和完善质量管理体系，通常包括质量管理体系的策划与总体设计、质量管理体系文件的编制、质量管理体系的实施运行三个阶段。

1. 质量管理体系的策划与总体设计

建立和完善质量管理体系，首先应由最高管理者对质量管理体系进行策划，以满足组织确定的质量目标的要求及质量管理体系的总体要求。在对质量管理体系进行策划和实施时，应保持管理体系的完整性。

按照国家标准GB/TI9000建立一个新的质量管理体系或更新、完善现行的质量管理体系，一般有以下步骤：企业领导决策、编制工作计划、分层次教育培训、分析企业特点、落实各项要素、编制质量管理体系文件。

2. 质量管理体系文件的编制

质量管理体系文件按其作用可分为法规性文件和见证性文件两类。质量管理体系文件的编制应在满足标准要求、确保控制质量、提高组织全面管理水平的情况下，建立一套高效、简单、实用的质量管理体系文件。质量管理体系文件包括质量手册、质量管理体系程序文件、质量计划、质量记录等部分。

（1）质量手册。质量手册是组织质量工作的"基本法"，是组织最重要的质量法规性文件，具有强制性质。质量手册应阐述组织的质量方针，概述质量管理体系的文件结构并能反映组织质量管理体系的总貌，起到总体规划和加强各职能部门间协调的作用。质量手册的编制应遵循ISOI00013质量手册编制指南的要求进行。

（2）质量管理体系程序文件。质量管理体系程序文件是质量管理体系的重要组成部分，是质量手册的具体展开和有力支撑。质量管理体系程序文件不同于一般的业务工作规范或工作标准所列的具体工作程序，而是对质量管理体系的过程方法所需开展的质量活动的描述。对每个质量管理程序来说，都应视需要明确何时、何地、何人、做什么、为什么、怎么做（即5W1H），应保留什么记录。

按ISO9001：2000标准的规定，质量管理程序应至少包括下列六个程序：

①文件控制程序。

②质量记录控制程序。

③内部质量审核程序。

④不合格控制程序。

⑤纠正措施程序。

⑥预防措施程序。

（3）质量计划。质量计划是对特定的项目、产品、过程或合同，规定由谁及何时应使用哪些程序相关资源的文件。质量计划是一种工具，它将某产品、项目或合同的特定要求与现行的通用的质量管理体系程序相连接。产品（或项目）的质量计划是针对具体产品（或项目）的特殊要求，以及应重点控制的环节所编制的对设计、采购、制造、检验、包装、运输等的质量控制方案。

（4）质量记录。质量记录是"阐明所取得的结果或提供所完成活动的证据文件"，是产品质量水平和企业质量管理体系中各项质量活动结果的客观反映，应如实加以记录。

质量记录应字迹清晰、内容完整，并按所记录的产品和项目进行标识，记录应注明日期并经授权人员签字、盖章或作其他审定后方能生效。

3. 质量管理体系的实施运行

为保证质量管理体系的有效运行，要做到两个到位：一是认识到位，组织的各级领导对问题的认识直接影响本部门质量管理体系的实施效果；二是管理考核到位。这就要求根据职责和管理内容不折不扣的按质量管理体系运作，并实施监督和考核。

四、典型工程质量问题

工程施工中有很多质量问题，下面将列出一些典型的问题，以便于在施工中对工程施工质量控制有更好的认识和把控。从而使工程质量达到标准。

（1）现场钢筋堆放混乱，无标识牌。

（2）混凝土砌块堆放未架空，无防潮、防雨淋措施。

（3）柱纵筋间距偏差过大。

（4）构造柱钢筋搭接未绑扎，且在箍筋外。

（5）混凝土施工缝留置不直。

（6）多处砖墙砂浆饱满度严重不足。

第六节　工程质量验收

一、建筑装饰工程质量验收

隐蔽工程的验收工作，通常是结合施工过程中的质量控制实测资料、正常的质量检查工作及必要的测试手段来进行，对于重要部位的质量控制，可用摄影以备查考。

1. 分项工程验收

对于重要的分项工程，由监理工程师按照工程合同的质量等级要求，根据该分项工程施工的实际情况，参照前述的质量检验评定标准进行验收。

在分项工程验收中，必须严格按有关验收规范选择检查点数，然后计算出检验项目和实测项目的合格或优良等级的百分比，最后确定出该分项工程的质量等级。

2. 分部工程验收

在分项工程验收的基础上，根据各分项工程质量验收结论，参照分部工程质量标准，便可得出该分部工程的质量等级，以此可决定是否可以验收。

另外，在单位或分部土建工程完工后转交安装工程施工前，或对于其他中间过程，均应进行中间验收。承包单位得到监理工程师中间验收认可的凭证后，才能继续施工。

3. 单位工程竣工验收

在分项工程和分部工程验收的基础上，通过对分项、分部工程质量等级的统计推断，再结合直接反映单位工程结构及性能质量的质量保证资料核查和单位工程观感质量评判，便可系统地核查结构是否安全、是否达到设计要求，结合观感等直观检查，对整个单位工程的外观及使用功能等方面的质量做出全面的综合评定，从而决定其是否达到工程合同所要求的质量等级。

二、竣工验收文件

1. 竣工验收通知书（图7-8）

××××工程技术公司××××工业园××厂房装饰工程
竣工验收通知书

×××× 工程技术公司：

你好！我公司从 ×××× 年 ×× 月 ×× 日开工以来，在贵公司大力支持下，经两个多月精心施工，工期进展顺利，于 ×××× 年 ×× 月 ×× 日如期完工。

现恭请贵公司在 2 日内组织相关人员对工程进行验收，并提出宝贵意见，谢谢合作！

此致

敬礼

×××× 装饰设计工程有限公司

×××× 年 ×× 月 ×× 日

图7-8 竣工验收通知书

2. 检验质量验收表（表7-3）

表7-3　　　　　　　　　　　　　检验质量验收表

单位（子单位）工程名称	××××工程技术公司××××工业园××厂房装修工程			
验收部位	一层厂房；二、三层办公楼；弱电安防；增补工程			
建设单位	××××机电工程技术公司			
施工单位	××××装饰设计工程有限公司		项目经理	×××
施工执行标准名称及编号	合同附件《建筑装饰装修工程施工工艺标准》			
	施工质量验收规范的规定		施工单位检查评定记录	监理（建设）单位验收记录
主控项目 1	一层厂房装修工程		合格	
主控项目 2	二、三层办公楼装修工程		合格	
主控项目 3	弱电安防装修工程		合格	
主控项目 4	增补装修工程		合格	
施工单位检查评定结果	专业工长（施工员）	×××	施工班组长	×××
	我方严格按预算表，设计方案与甲方要求施工，严格控制工程质量，工程质量符合合同附件《建筑装饰装修工程施工工艺标准》，并如期交付使用，整体工程符合验收要求。 项目经理： 副总经理（公章）：　　　　　　　　　　　　　　　年　　月　　日			
建设单位验收结论	建设负责人（公章）：　　　　　　　　　　　　　　年　　月　　日			

Ⓡ 补充要点

工程质量保证体系

　　为保证工程质量，我国在工程建设中逐步建立了比较系统的质量管理的三个体系，即设计施工单位的全面质量管理保证体系、建设监理单位的质量检查体系和政府部门的质量监督体系。通过这三个体系，能很好的控制保证工程质量，以达到理想效果。

S 本章小结

质量管理是项目组织在整个生产和经营过程中，围绕着产品质量形成的全过程实施的，是项目组织各项管理的主线。通过本章内容的学习，要求在工程实施过程中能够结合实际情况进行质量的控制，保证高质量完成工程任务。在建筑工程施工中，质量问题要及时发现，及时解决，把质量问题在形成的过程中及时消灭，才能使工程建设全过程都处于受控制状态。

P 课后练习

1. 目前，我国的工程质量管理的方法有哪几种？
2. 影响工程质量的因素有哪些？
3. 施工质量控制的主要途径有哪几类？
4. 如何实施装饰项目的技术管理控制？
5. 在施工过程中，如何评定装饰分部工程质量的
标准？
6. 简述质量管理的定义和基本原理。
7. 工程项目质量形成的影响因素有哪些？
8. GB/T 19000—2000标准质量管理八大原则是什么？

★ 思政训练

1. 在党群共同监督的管理体制下，如何对施工生产要素进行质量控制？
2. 上网查阅资料，针对建筑装饰各个施工阶段，
编写一套完整的竣工验收文件，注入思政精神，强化党的方针政策。

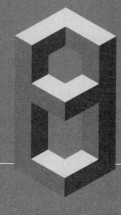

第八章

装饰工程的安全管理与环境保护

PPT 课件
（扫码下载）

» **学习难度**：★ ★ ★ ☆ ☆

» **重点概念**：职业健康安全、施工环境保护、风险管理

» **章节导读**：项目职业健康安全技术精施计划应在项目管理实施规划中编制；项目经理部应建立职业健康安全生产责任制，并把责任目标分解落实到人。职业健康安全事故分为两大类型，即职业伤害事故与职业病。安全事故处理的原则是"四不放过"。注重职业健康安全与施工环境保护，是当前发展的趋势，也是建筑行业务必重视的环节。职业健康安全与施工环境保护对可持续发展有着重要的影响。

第一节 职业健康安全与环境管理概述

一、职业健康安全与环境管理的目的和任务

1. 职业健康安全与环境管理的目的

职业健康安全管理的目的是保护产品生产者和使用者的健康与安全。控制影响工作场所内员工、临时工作人员、合同方人员、访问者和其他有关部门人员健康和安全的条件和因素，考虑和避免因使用不当对使用者造成的健康和安全的危害。

工程项目环境管理的目的是保护生态环境，使社会的经济发展与人类的生存环境相协调。控制作业现场的各种粉尘、废水、废气、固体废物以及噪声、振动对环境的污染和危害，考虑能源节约和避免资源的浪费。

2. 职业健康安全与环境管理的任务

职业健康安全与环境管理的任务是建筑生产组织（企业）为达到建筑工程的职业健康安全与环境管理的目的，指挥和控制组织的协调活动，包括制定、实施、实现、评审和保持职业健康安全与环境方针所需的组织机构、计划活动、职责、惯例（法律法规）、程序文件、过程和资源等，构成了实现职业健康安全和环境方针的14个方面的管理任务。不同的组织（企业）根据自身的实际情况制定方针，并为实施、实现、评审和保持（持续改进）来建立组织机构、策划活动、明确职责、遵守有关法律法规和惯例、编制程序控制文件，实行过程控制并提供人员、设备、资金和信息资源。保证职业健

康安全环境管理任务的完成。对于职业健康安全与环境密切相关的任务，可一同完成（表8-1）。

二、职业健康安全与环境管理的一般规定

1. 按规章制度实行

组织应遵照《建设工程安全生产管理条例》和《职业健康安全管理体系》（GB/T28000），坚持安全第一、预防为主和防治结合的方针，建立并持续改进职业健康安全管理体系。项目经理应负责项目职业健康安全的全面管理工作。项目负责人、专职安全生产管理人员应持证上岗。

2. 制订职业健康安全生产技术措施计划

组织应根据风险预防要求和项目的特点，制订职业健康安全生产技术措施计划，确定职业健康安全生产事故应急救援预案，完善应急准备措施，建立相关组织。发生事故，应按照国家有关规定，向有关部门报告。处理事故时，应防止二次伤害。

3. 安全生产

在项目设计阶段应注重施工安全操作和防护的需要，采用新结构、新材料、新工艺的建设工程应提出有关安全生产的措施和建议。在施工阶段进行施工平面图设计和安排施工计划时，应充分考虑安

表8-1　　　　　　　　　　　　　　　职业健康安全与环境管理任务

任务＼项目	组织机构	计划活动	职责	法律法规	程序文件	过程	资源
职业健康							
安全方针							
环境方针							

全、防火、防爆和职业健康等因素。

4. 人身保险与意外保险

组织应按有关规定必须为从事危险作业的人员在现场工作期间办理意外伤害保险。

5. 安全管理

项目职业健康安全管理应遵循下列程序：识别并评价危险源及风险、确定职业健康安全目标、编制并实施项目职业健康安全技术措施计划、职业健康安全技术措施计划实施结果验证，持续改进相关措施和绩效。

6. 安全措施

现场应将生产区与生活、办公区分离，配备紧急处理医疗设施，使现场的生活设施符合卫生防疫要求，采取防暑、降温、保暖、消毒、防毒等措施。

R 补充要点

保证安全施工措施

保证安全施工的关键是贯彻安全操作规程，对施工中可能发生的安全问题提出预防措施并加以落实。建筑装饰工程施工安全的重点是防火、安全用电及高空作业等。在编制安全措施时要具有针对性，要根据不同的装饰施工现场和不同的施工方法，从防护上、技术上和管理上提出相应的安全措施。

三、职业健康安全技术措施计划

项目职业健康安全技术措施计划应在项目管理实施规划中编制。编制项目职业健康安全技术措施计划应遵循下列步骤：工作分类、识别危险源、确定风险、评价风险、制定风险对策、评审风险对策的充分性。

项目职业健康安全技术措施计划应由项目经理主持编制，经有关部门批准后，由专职安全管理人员进行现场监督实施。项目职业健康安全技术措施计划应包括工程概况、控制目标、控制程序、组织结构、职责权限、规章制度、资源配置、安全措施、检查评价和奖惩制度以及对分包的安全管理等内容。策划过程应充分考虑有关措施与项目人员能力相适应的要求。

对结构复杂、施工难度大、专业性强的项目，必须制定项目总体、单位工程或分部分项工程的安全措施；对高空作业等非常规性的作业，应制定单项职业健康安全技术措施和预防措施，并对管理人员、操作人员的安全作业资格和身体状况进行合格审查。对危险性较大的工程作业，应编制专项施工方案，并进行安全验证；临街脚手架、临近高压电缆以及起重机臂杆的回转半径达到项目现场范围以外的，均应按要求设置安全隔离设施。

四、职业健康安全技术措施计划的实施

项目经理部应建立职业健康安全生产责任制，并把责任目标分解落实到人。必须建立分级职业健康安全生产教育制度，实施公司、项目经理部和作业队三级教育，未经教育的人员不得上岗作业。作业前，要进行职业健康安全技术交底，并应符合下列规定：工程开工前，项目经理部的技术负责人必须向有关人员进行安全技术交底；结构复杂的分部分项工程施工前，项目经理部的技术负责人应进行安全技术交底；项目经理部应保存安全技术交底记录。组织应定期对项目进行职业健康安全管理检查，分析影响职业健康或不安全行为与隐患存在的部位和危险程序。

ⓡ 补充要点

职业健康安全管理体系

职业健康安全管理体系（Occupation Health Safety Management System，英文简写为"OHSMS"）是20世纪80年代后期在国际上兴起的现代安全生产管理模式，它与ISO9000和ISO14000等标准体系一并被称为"后工业化时代的管理方法"。

职业健康安全管理体系产生的主要原因是企业自身发展的要求。随着企业规模扩大和生产集约化程度的提高，对企业的质量管理和经营模式提出了更高的要求。企业必须采用现代化的管理模式，使包括安全生产管理在内的所有生产经营活动科学化、规范化和法制化。

职业健康安全管理体系产生的一个重要原因是世界经济全球化和国际贸易发展的需要。

第二节　职业健康安全隐患和事故处理

一、职业健康安全事故的分类

职业健康安全事故分为两大类型，即职业伤害事故与职业病。

1. 职业伤害事故

职业伤害事故是指因生产过程及工作原因或与其相关的其他原因造成的伤亡事故。

（1）按照事故发生的原因分类。按照我国《企业伤亡事故分类》（UDC 658.382 GB6411—86）标准规定，职业伤害事故分为物体打击、车辆伤害、机械伤害、起重伤害、触电、淹溺、灼烫、火灾、高处坠落、坍塌、冒顶片帮、透水、放炮、火药爆炸、瓦斯爆炸、锅炉爆炸、容器爆炸、其他爆炸、中毒和窒息、其他伤害20类。

（2）按事故后果严重程度分类（表8-2）。

2. 职业病

经诊断因从事接触有毒、有害物质或不良环境的工作而造成急慢性疾病，属于职业病。

2002年卫生部会同劳动和社会保障部发布的《职业病目录》，列出的法定职业病为10大类共115

表8-2　　　　　　　　　　　　　　　　按事故后果严重程度分类

分类	程度
轻伤事故	造成职工肢体或某些器官功能性或器质性轻度损伤，表现为劳动能力轻度或暂时丧失的伤害，一般每个受伤人员休息1个工作日以上，105个工作日以下
重伤事故	一般指受伤人员肢体残缺或视觉、听觉等器官受到严重损伤，能引起人体长期存在功能障碍或劳动能力有重大损失的伤害，或者造成每个受伤人损失105工作日以上的失能伤害
死亡事故	一次死亡职工1～2人的事故
重大伤亡事故	一次死亡3人以上（含3人）的事故
特大伤亡事故	一次死亡10人以上（含10人）的事故
特别重大伤亡事故	造成30人以上死亡，或者100人以上重伤

种。该目录中所列的10大类职业病如下：肺尘埃沉着病、职业性放射性疾病、职业中毒、物理因素所致职业病、生物因素所致职业病、职业性皮肤病、职业性眼病、职业性耳鼻喉口腔疾病、职业性肿瘤、其他职业病等。

二、职业健康安全事故的处理

1. 安全事故处理原则

（1）事故原因不清楚不放过。

（2）事故责任者和员工没有受到教育不放过。

（3）事故责任者没有处理不放过。

（4）没有制定防范措施不放过。

2. 安全事故处理程序

（1）处理安全事故、抢救伤员、排除险情、防止事故蔓延扩大，做好标识，保护好现场等。

（2）安全事故调查。

（3）对事故责任者进行处理。

（4）编写调查报告并上报。

3. 安全事故统计规定

（1）企业职工伤亡事故统计实行以地区考核为主的制度。各级隶属关系的企业和企业主管单位要按当地安全生产行政主管部门规定的时间报送报表。

（2）安全生产行政主管部门对各部门的企业职工伤亡事故情况实行分级考核。企业报送主管部门的数字要与报送当地安全生产行政主管部门的数字一致，各级主管部门应如实向同级安全生产行政主管部门报送。

（3）省级安全生产行政主管部门和国务院各有关部门及计划单列的企业集团的职工伤亡事故统计月报表、年报表应按时报到国家安全生产行政主管部门。

4. 职业健康安全隐患处理规定

职业健康安全隐患处理应符合下列规定：

（1）区别不同的职业健康安全隐患类型，制订相应整改措施并在实施前进行风险评价。

（2）对检查出的隐患及时发出职业健康安全隐患整改通知单，限期纠正违章指挥和作业行为。

（3）跟踪检查纠正预防措施的实施过程和实施效果，保存验证记录。

5. 职业健康安全事故处理应规定

（1）事故调查组提出的事故处理意见和防范措施建议，由发生事故的企业及其主管部门负责处理。

（2）因忽视安全生产、违章指挥、违章作业、玩忽职守或者发现事故隐患、危害情况而不采取有效措施以致造成伤亡事故的，由企业主管部门或企业按照国家有关规定，对企业负责人和直接责任人员给予行政处分；构成犯罪的，由司法机关依法追究刑事责任。

（3）在伤亡事故发生后隐瞒不报、谎报、故意迟延不报，故意破坏事故现场，或者以不正当理由拒绝接受调查以及拒绝提供有关情况和资料的，由有关部门按照国家有关规定，对有关单位负责人和直接责任人员给予行政处分；构成犯罪的，由司法机关依法追究刑事责任。

（4）伤亡事故处理工作应当在90日内结案，特殊情况不得超180日、伤亡事故处理结案后，应当公开宣布处理结果。

R 补充要点

职业病分类

　　2002年卫生部会同劳动和社会保障部发布的《职业病目录》，列出的法定职业病为10大类共115种。该目录中所列的10大类职业病如下：肺尘埃沉着病、职业性放射性疾病、职业中毒、物理因素所致职业病、生物因素所致职业病、职业性皮肤病、职业性眼病、职业性耳鼻喉口腔疾病、职业性肿瘤、其他职业病等。

第三节 装饰工程项目风险管理

在一个项目的寿命周期内，它要经过不同的阶段，每个阶段由于项目参与各方的不同管理方法以及参与各方利益的不尽相同，项目各类资源管理的不尽相同，使得项目的风险难以预测，如何进行有效的风险管理就显得尤为重要。

装饰项目施工管理中，如何主动发现风险的范围，对风险进行有效的识别，进行正确的评估，正确选取对策进行风险的控制，以此提高项目风险管理的效率，是进行项目管理的一个重要手段。

一、项目风险管理概述

1. 风险和风险量

（1）风险。风险指的是损失的不确定性，对建设装饰工程项目管理而言，风险是指可能出现的影响项目目标实现的不确定因素。

（2）风险量。风险量指的是不确定的损失程度和损失发生的概率。若某个可能发生的事件，其可能的损失程度和发生的概率都很大，那么其风险量就很大。

（3）项目风险。在企业经营和项目施工过程中存在大量的风险因素，如自然风险、政治风险、经济风险、技术风险、社会风险、国际风险、内部决策与管理风险等。风险具有客观存在性、不确定性、可预测性、结果双重性等特征。工程承包事业是一项风险事业，承包人和项目经理要面临一系列的风险，必须在风险面前作出决策。决策正确与否，与承包人对风险的判断和分析能力密切相关。

项目的一次性特征使其不确定性要比一般的经济活动大许多，也决定了其不具有重复性。项目所具有的风险补偿机会，一旦出现问题则很难补救。项目多种多样，每一个项目都有各自的具体问题，但有些问题却是很多项目所共有的。

2. 建筑装饰工程施工风险的类型

建筑装饰工程项目的风险包括项目决策的风险和项目实施的风险。项目决策的风险主要集中在项目实施前的装饰工程承揽意向和招投标技巧的取舍阶段。项目实施的风险主要包括设计的风险、施工的风险，以及材料、设备和资源的风险等。如图8-1所示为建设装饰工程项目的风险分类。由于项目风险的分类方法较多，以下就构成风险的因素进行分类，来具体介绍。

（1）组织风险。承包商管理人员和一般技工的知识、经验和能力；施工机具操作人员的知识、经验和能力等；损失控制和安全管理人员的知识、经验和能力等。

（2）经济与管理风险。装饰工程资金供应条件；现场与公用防火设施的可用性及其数量；合同风险；事故防范措施与计划；人身安全控制计划；信息安全控制计划等。

（3）装饰工程环境风险。自然灾害；工程地质条件和水文地质条件；气象条件；火灾和爆炸的因素等（图8-2）。

（4）技术风险。装饰工程技术文件；装饰工程施工方案；装饰工程物资；装饰工程机具等。

在进行装饰施工组织设计的编写时，要注意根据现行装饰项目的特点，有针对性地找出装饰施工风险的类型，进行合理分析，为下一环节的施工风险管理做准备。

R 补充要点

项目风险的特性

项目的一次性特征使其不确定性要比一般的经济活动大许多，也决定了其不具有重复性。项目所具有的风险补偿机会，一旦出现问题则很难补救。项目多种多样，每一个项目都有各自的具体问题，但有些问题却是很多项目所共有的。

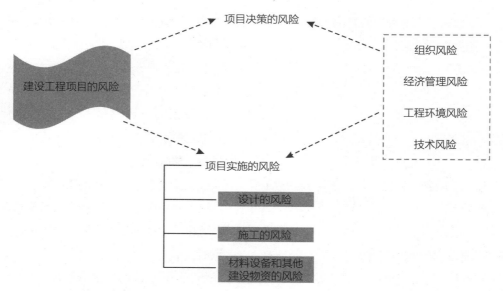

图8-1　建设装饰工程项目的风险分类

图8-1：项目在决策与实施的过程中都具有一定的风险性，无论是人为原因还是自然灾害原因，无论是内在原因还是外在原因，从施工方角度而言，防范风险，寻找应对风险的方法，显得十分重要。

图8-2　建筑施工火灾

图8-2：抓好建筑工地消防安全宣传教育，使每一个工作人员具备必要的防火、灭火基本知识；建立严格的用火用电管理制度，每日派专人排查；加强对施工现场的可燃物及建筑材料的管理。

3. 风险的基本性质

（1）风险的客观性。首先表现在它的存在方式是不以人的意志为转移的。从根本上说，这是因为决定风险的各种因素对风险主体是独立存在的，不管风险主体是否意识到风险的存在，在一定条件下仍有可能变为现实。其次，还表现在风险是无时不有、无所不在的，它存在于人类社会的发展过程之中，潜藏于人类从事的各种活动之中。

（2）风险的不确定性。是指风险的发生是不确定的，即风险的程度有多大，风险何时何地有可能转变为现实均是不确定的。只是由于人们对客观世界的认识受到各种条件的限制，不可能准确预测风险的发生。

风险的不确定性要求人们运用各种方法，尽可能地对风险进行测度，以便采取相应的对策规避风险。

（3）风险的不利性。风险一旦产生，就会使风险主体产生挫折、损失，甚至失败，这对风险主体是极为不利的。风险的不利性要求人们在承认风险、认识风险的基础上，作好决策，尽可能避免风险，将风险的不利性降至最低。

（4）风险的可变性。是指在一定条件下风险可以转化。

（5）风险的相对性。是针对风险主体而言的，即使在相同的风险情况下，不同的风险主体对风险的承受能力也是不同的。

（6）风险同利益的对称性。是指对风险主体来说，风险和利益必然同时存在，即风险是利益的代价，利益是风险的报酬。如果没有利益而只有风险，那么谁也不会去承担这种风险；另一方面，为了实现一定的利益目标，必须以承担一定的风险为前提。例如，普通股风险大而收益大，优先股风险小而收益小。

二、建筑装饰工程施工的风险识别

风险识别的任务是识别施工全过程存在哪些风险，其工作流程如下：

1. 收集与施工风险有关的信息

从项目整体和详细的范围两个层次对项目计划、项目假设条件和约束因素、以往项目的文件资料审核中识别风险因素，收集相关信息。

信息收集整理的主要方法有以下几种：

（1）头脑风暴法。头脑风暴（brain storming，简称BS）法，是一种特殊形式的小组会。它规定了一定的特殊规则和方法技巧，从而形成了一种有益于激励创造力的环境氛围，使与会者能自由畅想，无拘无束地提出自己的各种构想、新主意，并因相互启发、联想而引起创新设想的连锁反应，通过项目方式去分析和识别项目风险。

（2）德尔菲法。德尔菲法（Delphi法）是邀请专家匿名参加项目风险分析识别的一种方法。

（3）访谈法。访谈法是通过对资深项目经理和相关领域的专家进行访谈，对项目风险进行识别。

（4）SWOT技术。SWOT技术是运用项目的优势与劣势、机会与威胁各方面，从多视角对项目风险进行识别，也就是企业内外情况对照分析法。它是将外部环境中的有利条件（机会opportunities）和不利条件（威胁 threats），以及企业内部条件中的优势（strengths）和劣势（weaknesses）分别记入"田"字形的表格，然后对照利弊优劣，进行经营决策，见表8-3。

2. 确定风险因素

风险识别后，把识别后的因素进行归类，整理出结果，写成书面文件，为风险分析的其余步骤和风险管理做准备。规范化的文件有如下内容：

（1）项目风险表。项目风险表又称项目风险清单，可将已识别出的项目风险列入表内，其内容应该包括：

已识别项目风险发生概率大小的估计；

项目风险发生的可能时间、范围；

项目风险事件带来的损失；

项目风险可能影响的范围。

项目风险表还可以按照项目风险的紧迫程度、项目费用风险、进度风险和质量风险等类别单独做出风险排序和评价。

（2）风险的分类或分组，找出风险因素后，为了在采取控制措施时能分清轻重缓急，故需要对风险进行分类或分组。例如，对于常见的建设项目，可将风险按项目建议书、融资、设计、设备订货、施工及运营阶段分组，也可对风险因素划定一个等级。通常，按事故发生后果的严重程度划分风险等级。

一级：后果小、可以忽略，可不采取措施。

二级：后果较小，暂时还不会造成人员伤亡和系统损坏，应考虑采取控制措施。

三级：后果严重，会造成人员伤亡和系统损坏，需立即采取控制措施。

四级：灾难性后果，必须立刻予以排除。

表8-3　　　　　　　　　　　　　　　　企业内外环境对照表

内部条件 外部条件	优势（S）	劣势（W）
机会（O）	SO 战略方案（依靠内部优势，利用外部机会）	WO 战略方案（利用外部机会，客服内部劣势）
威胁（T）	ST 战略（利用内部优势，避开外部威胁）	WT 战略方案（减少内部劣势，回避外部威胁）

3. 编制施工风险识别报告

在现行很多装饰项目的管理中，风险识别的报告都以表格的形式出现，大型的装饰公司还会以近几年的装饰工程中出现频率较多的风险因素进行系统归纳整理，形成台账，以备后续类似项目使用。

三、建筑装饰工程施工的风险评估

1. 风险评估

风险评估的含义。风险评估是项目风险管理的第二步。项目风险评估包括风险估计和风险评价两个内容。

风险估计的对象是项目的各单个风险，非项目整体风险。风险估计有如下几个方面的目的：加深对项目自身和环境的理解；进一步寻找实现项目目标的可行方案；务必使项目所有的不确定性和风险都经过充分、系统而又有条理的考虑，明确不确定性对项目其他各个方面的影响；估计和比较项目各种方案或行动路线的风险大小、从中选择出威胁最少、机会最多的方案或行动路线。

风险评价把注意力转向包括项目所有阶段的整体风险，各风险之间的互相影响、相互作用及对项目的总体影响，项目主体对风险的承受能力上。

2. 风险分析

风险分析方法包括估计方法与风险评价方法。这些方法又可分为定量方法与定性方法。这里主要介绍几种定量分析方法。

一般来说，完整而科学的风险评估应建立在定性风险分析与定量分析相结合的基础之上。定量风险分析过程的目标是量化分析每一风险的概率及对项目目标造成的后果，同时也分析项目总体风险程度。

（1）盈亏平衡分析。盈亏平衡分析又称量本利分析或保本分析。它是研究企业经营中一定时期的成本、业务量（生产量或销售量）和利润之间的变化规律，从而对利润进行规划的一种技术方法。

（2）敏感性分析。项目风险评估中的敏感分析是通过分析预测有关投资规模、建设工期、经营期、产销期、产销量、市场价格和成本水平等主要因素的变动对评价指标的影响及影响程度。一般是考查分析上述因素单独变动对项目评价的主要指标净现值和内部收益率的影响。

（3）决策树分析。决策树法因解决问题的工具是"树"而得名。其分析程序如下：

①绘制决策树图。决策树结构如图8-3所示。

画决策树图时，实际上是拟定各种决策方案的过程，也是对未来可能发生的各种自然状况进行思考和预测的过程。

②预计将来各种情况可能发生的概率。概率数值可以根据经验数据来估计或依靠过去的历史资料来推算，还可以采用先进的预测方法和手段进行。

③计算每个状态节点的综合损益值。综合损

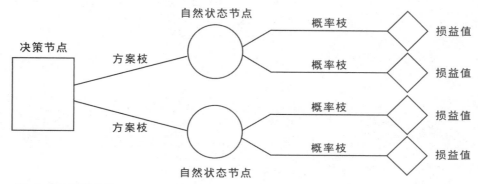

图8-3 决策树结构图

益值也叫综合期望值（MV），是用来比较各种抉择方案结果的一个准则。损益值只是对今后情况的估计，并代表一定要出现的数值。根据决策问题的要求，可采用最小损益值，如成本最小、费用最低等，也可采用最大收益值，如利润最大、节约额最大等。计算公式为：

$$\sum MV(i) = \sum(损益值 \times 概率值) \times 经营年限 - 投资额$$

④择优决策。比较不同方案的综合损益期望值，进行择优，确定决策方案，将决策树形图上舍弃的方案枝画上删除号，剪掉。

3. 风险评估的工作内容

（1）利用已有数据资料（主要是类似项目有关风险的历史资料）和有关专业方法分析各类风险因素发生的概率。

（2）分析各种风险的损失量，包括可能发生的工期损失、费用损失，以及对装饰工程的质量、装饰使用功能和使用效果等方面的影响。

（3）根据各种风险发生的概率和损失量，确定各种风险的风险量和风险等级。

四、建筑装饰工程施工的风险控制

1. 风险控制的工作内容

在施工进展过程中应该同步收集和分析有关的各类信息，预测可能发生的风险，对其进行监控并提出预警。表8-4就是在装饰施工进程中对危险源进行风险控制的一项清单。

2. 风险对策与控制

（1）回避风险。是指项目组织在决策中回避高风险的领域、项目和方案，进行低风险选择。

（2）转移风险。是指将组织或个人项目的部分风险或全部风险转移到其他组织或个人。

（3）损失控制。是指损失发生前消除损失可能发生的根源，并减少损失事件的频率，在风险事件发生后减少损失的程度。损失控制的基本点在于消除风险因素和减少风险损失。

表8-4 项目部危险源清单

风险	过程、活动、人、管理组合
高空坠落	1. 施工人员在脚手架（室内、室外）处施工 2. 施工人员在门式移动脚手架处施工 3. 施工人员在架梯上施工 4. 四口（电梯口、楼梯口、预留洞口、通道口），五临边（窗台边、楼板边等）的防护
物体打击	1. 室内脚手架、架梯、移动脚手上机具和物料的坠落 2. 室外脚手架、移动脚手上机具和物料的坠落 3. 高处向下投掷和垃圾抛掷产生的物体坠落 4. 四口（电梯口、楼梯口、预留洞口、通道口），五临边（窗台边、楼板边等）的物体坠落
机具伤害	1. 手持电动机具（电钻、冲击钻、钢材切割机、石材切割机等）施工时机具伤害 2. 木工机具（圆盘、挖孔机等）施工时的机具伤害 3. 空压机、电焊机等机具设备施工时的机具伤害
触电	1. 施工用电（线路、配电箱等）造成的触电 2. 空压机、电焊机、手持电动机具造成的触电 3. 带电作业、雷电等造成的触电
火灾和爆炸	1. 电焊作业、气焊作业造成的火灾 2. 易燃、易爆材料的燃烧造成的火灾 3. 易燃、易爆物品造成的爆炸 4. 明火作业造成的火灾 5. 线路超负荷用电造成的火灾 6. 禁烟区域杜绝吸烟

（4）自留风险。又称承担风险，是一种由项目组织自己承担风险事故所致损失的措施。

（5）分散风险。项目风险的分散是指项目组织通过选择合适的项目组合，进行组合开发创新，使整体风险得到降低。

第四节　装饰工程沟通管理

一、项目沟通的分类

（1）内部关系的沟通与协调。内部关系是指企业内部（含项目经理部）的各种关系。

（2）近外层关系的沟通与协调。近外层关系指企业与同发包人签有合同的单位的关系。

（3）远外层关系的沟通与协调。远外层关系是指与企业及项目管理有关耽误合同约束的单位的关系。

二、项目沟通计划

1. 项目沟通计划的内容
项目沟通计划一般应包括下列内容：

（1）人际关系的沟通计划。

（2）组织机构关系的沟通计划。

（3）供求关系的沟通计划。

（4）协作配合关系的沟通计划。

2. 项目沟通计划的实施策略
沟通应坚持动态工作原则。在装饰项目实施过程中，随着运行阶段的不同，所存在的关系和问题都有所不同，如项目进行的初期主要是供求关系的沟通和协调，项目进行的后期主要是合同和法律、法规约束关系的沟通与协调，涉及索赔、结算、经济利益等。

三、项目沟通依据和方式

1. 沟通依据
沟通是为了更好地进行装饰项目的实施，因此，在沟通进程中，必须遵守一定的游戏规则，必须在双方能够接受的相应依据中寻求解决办法，使双方能够达成一致，因此沟通的依据是多方位的。它包括：双方合同文件；工程联系函；规章制度；第三方信息；其他法律及法规许可的文本。

2. 沟通方式（图8-4）

3. 沟通的渠道
沟通渠道分为正式沟通渠道与非正式沟通渠道两种。

（1）正式沟通渠道。在大多数沟通中，信息发送者并非把信息传给接收者，中间要经过某些人的转接，这就产生了不同的沟通渠道。不同的沟通渠道产生的信息交流效率是不同的。

（2）非正式沟通渠道。在一个组织中，除了正式沟通渠道，还存在着非正式的沟通渠道，有些消息往往是通过非正式渠道传播的，其中包括小道消息的传播。

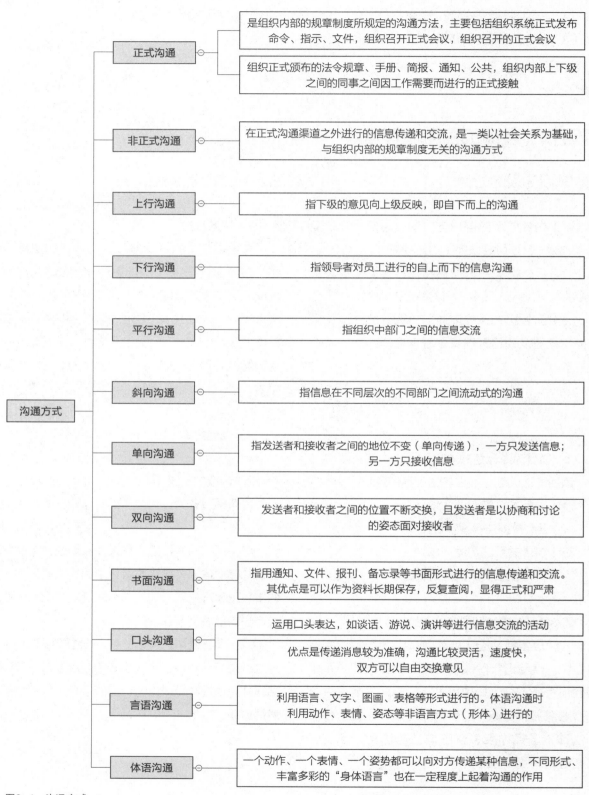

图8-4　沟通方式

四、项目沟通障碍与冲突管理

1. 装饰项目沟通中的障碍

在项目实施过程中，由于沟通与协调不利或沟通与协调工作不到位，常常使得组织工作出现混乱，影响整个项目的实施效果，会出现如下一些沟通中的障碍。

（1）项目组织或项目经理部中出现混乱，总体目标不明确，不同部门和单位的兴趣与目标不同，各人有各人的打算和做法，基至尖锐对立，而项目经理无法调解冲突或无法解释。

（2）项目经理部经常讨论不重要的事务性问题，沟通与协调会议经常被一些言非正传的职能部门领导打断、干扰或是偏离了议题。

（3）信息未能在正确的时间内以正确的内容和详细程度传达到正确位置，人们抱怨信息不够，活儿太多，或不及时，或不着要领。

（4）项目经理部中没有公开的冲突，但它在潜意识中存在，人们不敢或不习惯将冲突提出来公开讨论。

（5）项目经理部中存在或散布着不安全、绝望等气氛，特别是在项目遇到危机、上下系统准备对项目做重大变更，对项目组织做调整或项目即将结束时更加突出。

（6）项目实施中出现混乱，人们对合同、指令、责任书理解不一致或不能理解，特别在国际工程以及国际合作项目中，由于不同语言的翻译造成理解的混乱。

（7）项目得不到职能部门的支持，无法获得资源和管理服务，项目经理花大量的时间和精力周旋于职能部门之间，与外界不能进行正常的信息交流。

2. 项目沟通中冲突表现形式

沟通不顺利或沟通与协调工作不成功常常会导致项目相关方的冲突，继而引发不必要的冲突，使项目管理目标难以进行。常有的冲突如下：

（1）目标冲突。项目组织成员各有自己的目标和打算，对项目的总目标缺乏了解和共识；项目的目标系统存在矛盾，如同时过度要求压缩工期、降低成本、提高质量标准等。

（2）专业冲突。如对工艺方案、设备方案存在不一致看法，建筑造型与结构之间的矛盾等。

（3）角色冲突。如企业任命总工程师作为项目经理，他既有项目工作，又有原部门的工作，常常以总工程师的立场和观点看待项目，解决问题。

（4）过程的冲突。如决策、计划、控制之间对问题处理的方式和方法之间的矛盾。

（5）项目组织间的冲突。如项目间的利益冲突、行为的不协调、合同中存在矛盾和漏洞，以及权力的冲突和互相推卸责任，项目经理部与职能部门之间的界面冲突等。

ℝ 补充要点

项目管理要全方位

项目是开放的复杂系统。项目的确立将全部或局部的涉及社会政治、经济、文化等诸多方面，对生态环境、能源将产生或大或小的影响，这就决定了项目沟通管理应从整体利益出发，运用系统的思想和分析方法，全过程、全方位地进行有效的管理。

---

3. 冲突的解决措施

在实际工程中，组织冲突普遍存在，不可避免。在项目实施的整个过程中，项目经理要花大量时间处理冲突并进一步解决，这已成为项目经理的日常工作。组织冲突是一个复杂的问题，它会导致关系紧张和意见分歧。通常，争吵是冲突中易出现的现象。若产生激烈的冲突，以致形成尖锐的对立，就会造成组织摩擦、能量的损耗和低效率。

正确的处理方法不是宣布不许冲突或让冲突自

己消亡，而是通过冲突发现问题，暴露矛盾，从而获得新的信息，然后通过积极的引导和沟通达成一致，化解矛盾。对冲突的处理首先取决于项目管理者的管理艺术，以及对冲突的认识程度等。领导者

要有效地管理冲突，有意识地引起冲突，通过冲突引起讨论和沟通；通过详细的协商，以求平衡和满足各方面的利益，达到项目目标的最优解决。

第五节　施工现场环境保护措施

该项目工程是一期商品楼房的建设，该项目施工时，对现场环境保护进行了严格的管理，下面就介绍一下该项目如何进行施工现场环境保护（图8-5）。

一、统一管理生产与生活垃圾

在生活、办公区设置若干活动垃圾箱，派专人管理和清理。生活区垃圾统一处理，禁止在工地焚烧残留的废物。

首先，设立卫生包干区，设立临时垃圾堆场，及时清理垃圾和边角余料。加强临设的日常维护与管理，竣工后及时拆除，恢复平整状态。土建墙面

上配合施工时，采用专用切割设备，做到开槽开孔规范，定位准确，不乱砸乱打，野蛮施工。同时将产生的土建垃圾及时清理干净（图8-6）。

其次，施工现场不准乱堆垃圾及余物，应在适当地点设置临时堆放点，专人管理，集中堆放，并定期外运。清运渣土垃圾及流体物品，要采取遮盖防尘措施，运送途中不得散落。为防止施工尘灰污染，在夏季施工时应在临时道路地面洒水防尘。

再次，施工现场材料多、垃圾多、人流大、车辆多，材料要及时卸货，并按规定堆放整齐，施工车辆运送中如有散落，派专人打扫。凡能夜间运输的材料，应尽量在夜间运输，天亮前打扫干净。

图8-5　施工现场

图8-5：施工现场必须进行保护措施设计，保证施工安全，例如，在入口处设置门禁，与施工无关人员禁止入内；在建筑物的外墙设置防护网，保证高空作业安全。

图8-6　建筑垃圾分类

图8-6：垃圾分类是对垃圾收集处置传统方式的改革，是对垃圾进行有效处置的一种科学管理方法。人们面对日益增长的垃圾产量和环境状况恶化的局面，如何通过垃圾分类管理，最大限度地实现垃圾资源利用。

最后，工程竣工后，施工单位在规定的时间内拆除工地围栏、安全防护设施和其他临时措施，做到"工完料净、工完场清"，工地及四周环境及时清理。

二、统一管理材料堆放与机具停放

材料根据工程进度陆续进场。各种材料堆放分门别类，堆放整齐，标志清楚，预制场地做到内外整齐、清洁，施工废料及时回收，妥善处理。工人在完成一天的工作时，及时清理施工场地，做到工完场清。

各类易燃易爆品入库保管，乙炔和氧气使用时，两瓶间距大于5m，存放时封闭隔离；划定禁烟区域，设置有效的防火器材。

禁止随意占用现场周围道路，妨碍交通，若不得不临时占用，应首先征得市交通部门许可。施工用设备定期维修保养，现场排列整齐美观，并将机具设备停放整齐。

对大型设备、配件考虑其运输吊装通道，并及时组织就位安装，不得损坏其他单位或分包单位的产品（图8-7）。

图8-7　施工设备整齐摆放

图8-7：现场使用的机械设备，要按平面固定点存放，遵守机械安全规程，经常保持维护清洁。机械的标记、编号明显，安全装置可靠。

三、禁止污水与废水乱排

施工现场与临设区保持道路畅通，并设置雨水排水明沟，使现场排水得到保障。在办公区、临设区及施工现场设置饮水设备，保证职工饮用水的清洁卫生。禁止工人现场随地便溺，一经发现除给予经济罚款外，还应立即清除出场。本着节约的措施消灭"长流水，长明灯"的施工乱象。

施工中的污水、冲洗水与其他施工用水要排入临时沉淀池，经沉淀处理后排放。职工宿舍内、外应干燥，室内保持清洁，夏季喷洒消毒药水灭蚊、灭蝇。机械排出的污水制定排放措施，不得随地流淌。

四、有效控制噪声污染

夜间施工必须经业主或现场监理单位许可。并严格限制噪声的产生，将噪声污染限制在最低程度。为了减少施工噪声，防止施工噪声污染，电动转机要装消声器，压缩机要尽可能低音运转，并尽可能安装在远离临近房屋的地方，合理安排作业时间，减少夜间施工，减少噪声污染。

要减少施工噪声和粉尘对临近群众的影响，对大型机械采取简易的防噪措施。车辆在工地上限速行驶。避免产生灰尘，并经常洒水减少灰尘的污染。现场易生尘土的材料堆放及运输要加以遮盖。

尽量选用低噪声或备有消声降噪设备的施工机械。施工现场的强噪声机械（如，电刨、砂轮机等）设置封闭的机械棚，以减少强噪声的扩散。

牵扯到产生强噪声的成品、半成品加工、制作作业，放在封闭工作间内完成，避免因施工现场加工制作产生的噪声。

五、防治扬尘污染措施

严禁高空抛撒施工垃圾，防止尘土飞扬。清除建筑物废弃物时必须采取集装密闭方式进行，清扫场地时必须先打洒水后清扫。对工业除锈中产生的扬尘，操作者在操作时戴防护口罩。对操作人员定期进行职业病检查。严禁在施工现场焚烧废弃物，防止有烟尘和有毒气体产生（图8-8）。

图8-8　防尘雾炮

图8-8：雾炮车喷射的水雾颗粒极为细小，达到微米级，在雾霾天气可以进行液雾降尘、分解淡化空气中的颗粒浓度、能有效分解空气中的污染颗粒物、尘埃等，有效缓解雾霾。

⬛ 补充要点

施工现场车辆清洗

1. 具有安装条件且处于基坑土方施工阶段的施工现场出入口，均应安装高效洗轮机，基坑土方施工阶段结束后，施工单位可按要求设置冲洗车辆的设备和设置沉淀池。安装使用高效洗轮机的，施工单位要确保100%使用。

2. 在施工现场设置洗车池和沉淀池的，必须符合以下要求：第一，施工现场施工车辆出入口应设置车辆冲洗设备，对车辆槽帮、车轮等易携带泥沙部位进行清洗，不得带土上路；第二，洗车池旁必须设置沉淀池，沉淀后的污水应排入市政污水管道。

3. 建设单位（或委托施工单位）应到市政管理行政部门办理渣土消纳许可证，并按照规定的时间、路线和要求，消纳建筑垃圾、渣土。施工现场必须使用有资质的运输单位和符合要求的运输车辆承担现场土方、建筑垃圾等的运输任务，采取措施防止车辆运输遗撒。

第六节　建筑装饰工程回访与保修

　　质量保修是指工程项目在办理竣工验收手续后，在规定的保修期限内，因勘察、设计、施工、材料等原因造成的质量缺陷，应当由施工承包单位负责维修、返工或更换，由责任单位负责赔偿损失。这里质量缺陷是指工程不符合国家或行业现行的有关技术标准、设计文件以及合同中对质量的要求等。

　　回访是一种产品售后服务的方式。工程项目回访广义来讲是指工程项目的设计、施工、设备及材料供应等单位，在工程交付竣工验收后，自签署工程质量保修书起的一定期限内，主动去了解项目的使用情况和设计质量、施工质量、设备运行状态及用户对维修方面的要求，从而发现产品使用中的问题并及时地去处理，使建筑产品能够正常地发挥其使用功能，使建筑工程的质量保修工作真正地落到实处。

一、建筑产品的保修范围与保修期

1. 保修范围

　　建筑装饰工程的各个部位都应该实行保修，包括建筑装饰装修以及配套的电气管线、上下水管线的安装工程等项目。

2. 保修期

保修期的长短，直接关系到承包人、发包人及使用人的经济责任大小。规范规定：建筑装饰工程保修期为自竣工验收合格之日起计算，在正常使用条件下的最低保修期限。《建筑工程质量管理条例》规定，在正常使用条件下与建筑装饰相关的建设工程最低保修期限为：

（1）有防水要求的卫生间、房间和外墙面的防渗漏，为5年。

（2）电器管线、给水排水管道、设备安装和装修工程，为2年。

（3）其他项目的保修期限由发包方与承包方在工程质量保修书中具体约定。

二、保修期责任与做法

1. 保修期的经济责任

（1）属于承包人的原因。由于承包人未严格按照国家现行施工及验收规范、工程质量验收标准、设计文件要求和合同约定组织施工，造成的工程质量缺陷，所产生的工程质量保修，应当由承包人负责修理并承担经济责任。

（2）属于设计人的原因。由于设计原因造成的质量缺陷，应由设计人承担经济责任。当由承包人进行修理时，其费用数额可按合同约定，通过发包人向设计人索赔，不足部分由发包人补偿。

（3）属于发包人的原因。由于发包人供应的建筑材料、构配件或设备不合格造成的工程质量缺陷；或由发包人指定的分包人造成的质量缺陷，均应由发包人自行承担经济责任。

（4）属于使用人的原因。由于使用人未经许可自行改建造成的质量缺陷，或由于使用人使用不当造成的损坏，均应由使用人自行承担经济责任。

（5）其他原因。由于地震、洪水、台风等不可抗力原因造成的损坏或非施工原因造成的事故，不属于规定的保修范围，承包人不承担经济责任。负责维修的经济责任由国家根据具体政策规定。

2. 保修做法

保修做法一般包括以下步骤：

（1）发送保修书。在工程竣工验收的同时，施工单位应向建设单位发送房屋建筑工程质量保修书。工程质量保修书属于工程竣工资料的范围，它是承包人对工程质量保修的承诺。其内容主要包括：保修范围和内容、保修时间、保修责任、保修费用等。具体格式见建设部与国家工商行政管理局2000年8月联合发布的《房屋建筑工程质量保修书》（示范文本）（图8-9）。

（2）填写工程质量修理通知书。在保修期内，工程项目出现质量问题影响使用，使用人应填写工程质量修理通知书告知承包人，注明质量问题及部位、联系维修方式，要求承包人派人前往检查修理。修理通知书发出日期为约定起始日期，承包人应在7天内派出人员执行保修任务。工程质量修理通知书的格式见表8-5。

（3）实施保修服务。承包人接到工程质量修理通知书后，必须尽快派人前往检查，并会同有关单位和人员共同做出鉴定，提出修理方案，明确经济责任，组织人力、物力进行修理、履行工程质量保修的承诺。

（4）验收。承包人将发生的质量问题处理完毕后，要在保修证书的保修记录栏内做好记录，并经建设单位验收签认，以表示修理工作完结。涉及结构安全问题的应当报当地建设行政主管部门备案。涉及经济责任为其他人的，应尽快办理。

表8-5   工程质量修理通知书

（施工单位名称）： 　　本工程于××××年××月××日发生质量问题，根据国家有关工程质量保修规定和《工程质量保修书》约定，请你单位派人检查修理工具。			
质量问题及部位：			
承修人自检评定：	年	月	日
使用人（用户）验收意见：	年	月	日
使用人（用户）地址： 电话： 联系人：			
	通知书发出日期：　年	月	日

ⓡ 补充要点

建筑工程保修期限

　　根据我国《建筑工程质量管理条例》第四十条，在正常使用条件下，建设工程的最低保修期限为：

1. 基础设施工程、房屋建筑的地基基础工程和主体结构工程，为设计文件规定的该工程的合理使用年限。

2. 屋面防水工程、有防水要求的卫生间、房间和外墙面的防渗漏，为5年。

3. 供热与供冷系统，为2个采暖期、供冷期。

4. 电气管线、给排水管道、设备安装和装修工程，为2年。

房屋建筑工程质量保修书（示范文本）

　　发包人（全称）：＿＿＿＿＿＿＿＿

　　承包人（全称）：＿＿＿＿＿＿＿＿

　　发包人、承包人根据《中华人民共和国建筑法》《建设工程质量管理条例》和《房屋建筑工程质量保修方法》，经协商一致，对＿＿＿＿（工程全称）签订工程质量保修书。

　　一、工程质量保修范围和内容

　　承包人在质量保修期内，按照有关法律、法规、规章的管理规定和双方约定，承担本工程质量保修责任。

　　质量保修范围包括地基基础工程、主体结构工程、屋面防水工程、有防水要求的卫生间、房间和外墙面的防渗漏、供热与供冷系统，电器管线、给排水管道、设备安装和装修工程，以及双方约定的其他项目。具体保修的内容，双方的约定如下：

　　＿＿＿＿＿＿＿＿＿＿＿＿＿＿＿＿＿＿＿＿＿＿＿＿＿＿＿＿＿

　　＿＿＿＿＿＿＿＿＿＿＿＿＿＿＿＿＿＿＿＿＿＿＿＿＿＿＿＿＿

二、质量保修期

双方根据《建设工程质量管理条例》及有关规定，约定本工程的质量保修期如下：

1. 地基基础工程和主体结构工程为设计文件规定的该工程合理使用年限；

2. 屋面防水工程、有防水要求的卫生间、房间和外墙面的防渗漏为___年；

3. 装修工程为___年；

4. 电气管线、给排水管道、设备安装工程为___年；

5. 供热与供冷系统为___个采暖期、供冷期；

6. 住宅小区内的给排水设施，道路等配套工程为___年；

7. 其他项目保修期限约定如下：_____

质量保修期限自工程竣工验收合格之日起计算。

三、质量保修责任

1. 属于保修范围、内容的项目，承包人应当在接到保修通知之日起7天内派人保修。承包人不在约定期限内派人保修的，发包人可以委托他人修理。

2. 发生紧急抢修事故的，承包人在接到事故通知后，应当立即到达事故现场抢修。

3. 对于涉及结构安全的质量问题，应当按照房屋建筑工程质量保修办法的规定，立即向当地建设行政主管部门报告，采取安全防范措施；由原设计单位或者具有相应资质等级的设计单位提出保修方案，承包人实施保修。

4. 质量保修完成后，由发包人组织验收。

四、保修费用

保修费用由造成质量缺陷的责任方承担。

五、其他

双方约定的其他工程质量保修事项：

_____

本工程质量保修书，由施工合同发包人、承包人双方在竣工验收前共同签署，作为施工合同附件，其有效期限至保修期满

发包人（公章）　　　　　　　　　　　　　　承包人（公章）

法定代表人（签字）　　　　　　　　　　　　法定代表人（签字）

××××年××月××日　　　　　　　　　　　××××年××月××日

图8-9　《房屋建筑工程质量保修书》（示范本）

三、回访工作

1. 回访工作计划

工程交工验收后，承包人应该将回访工作纳入企业日常工作之中，及时编制回访工作计划，做到有计划、有组织、有步骤地对每项已交付使用的工程项目主动进行回访，收集反馈信息，及时处理保修问题。回访工作计划要具体实用，不能流于形式。回访工作计划的一般表式见表8-6。

表8-6　回访工作计划（2019年度）表格规范

序号	建设单位	工程名称	保修期限	回访时间安排	参加回访部门	执行单位

注：单位负责人：　　　　归访部门：　　　　编制人：

2. 回访工作记录

每一次回访工作结束后，回访保修的执行单位都应填写回访工作记录。回访工作记录主要内容包括：参与回访人员；回访发现的质量问题；发包人或使用人的意见；对质量问题的处理意见等。在全部回访工作结束后，应编写回访服务报告，全面总结回访工作的经验和教训。回访服务报告的内容应包括：回访建设单位和工程项目的概况；使用单位或用户对交工工程的意见；对回访工作的分析和总结；提出质量改进的措施对策等。回访归口主管部门应依据回访记录对回访服务的实施效果进行检查验证。回访工作记录的一般表式见表8-7。

表8-7　　　回访工作记录表格

建设单位		使用单位	
工程名称		建筑面积	
施工单位		保修期限	
项目组织		回访日期	
回访负责人		回访记录人	
回访工作情况			

3. 回访的工作方式

（1）例行性回访。根据回访年度工作计划的安排，对已交付竣工验收并在保修期内的工程，统一组织例行性回访，收集用户对工程质量的意见。回访可用电话询问、召开座谈会以及登门拜访等行之有效的方式，一般半年或一年进行一次。

（2）季节性回访。主要是针对随季节变化容易产生质量问题的工程部位进行回访，这种回访具有季节性特点，如雨季回访基础工程、屋面工程和墙面工程的防水和渗漏情况，冬季回访采暖系统的使用情况，夏季回访通风空调工程等。了解有无施工质量缺陷或使用不当造成的损坏等问题，发现问题立即采取有效措施，及时加以解决。

（3）技术性回访。主要了解在工程施工过程中所采用的新材料、新技术、新工艺、新设备等的技术性能和使用后的效果，以及设备安装后的技术状态，从用户那里获取使用后的第一手资料，发现问题及时补救和解决，这样也便于总结经验和教训，为进一步完善和推广创造条件。

（4）特殊性回访。主要是对一些特殊工程、重点工程或有影响的工程进行专访，由于工程的特殊性，可将服务工作往前延伸，包括交工前的访问和交工后的回访，可以定期也可以不定期进行，目的是要听取发包人或使用人的合理化意见或建议，即时解决出现的质量问题，不断积累特殊工程施工及管理经验。

R 补充要点

收尾工作要专人负责、强调计划

因为收尾工作的复杂和千头万绪，收尾必须指定专人负责。此人直接对项目经理层负责，辅以各个部门中项目工作时间较长、熟悉情况者，组成一个精干的移交、验收、资料归档小组，具体实施以移交验收和竣工归档为主的收尾工作。

收尾要特别强调计划。这个计划应该由负责收尾的人根据工程实际情况，结合合同条款拟定初稿，然后经由项目经理主持，各部门（尤其是合同、技术和施工部门）的会审，确定后下发，严格执行。为保证计划的执行，最好有一个例会制度，各方定期审查进度，及时解决存在的问题。

四、客户投诉的主要内容

1. 设计投诉

在设计上具有明显的缺陷、误差，影响人体健康与心理感受的因素。

2. 报价投诉

主要包括装修施工材料的材质、品牌、数量不透明，恶意增项、隐项，漏报工程量等行为，装修报价超出实际支出费用过高。

3. 材质投诉

主要包括建筑装饰单位在选材时以次充好，或者使用假冒伪劣的产品，造成装饰工程与实际严重不符的情况；或者是产品规格不符，产品安装技术超过允许误差范围；出现产品故障，无法正常使用。

4. 工程质量投诉

在施工过程中存在工艺水平低，导致后期居住体验差；设计有明显缺陷，导致使用存在问题；材料低劣，存在严重的质量隐患；不符合国家制定的质量验收标准。

5. 服务投诉

主要包括对工程师、设计师、客户经理、服务人员、施工项目经理、施工员的服务质量、服务态度、服务方式、服务技巧等，提出的抱怨或问题得不到有效解决。

6. 合同投诉

主要包括装饰工程设计质量、材料质量、工程预算、服务质量、施工工期、结算方式、交易形式与签订的装饰施工合同不符。

---

⑤ 本章小结

施工安全是装饰施工项目中的重中之重，施工项目安全管理是在项目施工过程中，组织安全生产的全部管理活动。通过对生产因素具体的状态控制，尽量减少或消除安全隐患，不发生人为事故，不让施工人员受到伤害。文明施工是各个建筑装修企业一直提倡的施工理念，只有在施工项目中认真执行这一要求，才能杜绝施工中的各种安全事故与投诉事件。

Ⓟ 课后练习

1. 工程职业健康安全事故处理程序是什么？
2. 现场文明施工的基本要求是什么？
3. 风险管理的流程有哪些？风险的对策有哪些？
4. 什么是风险回避？试用装饰项目中的实例进行描述。
5. 根据身边的装饰项目，进行风险的识别，用表格的形式拟定风险清单。制定风险管理计划。
6. 什么是项目的沟通管理？沟通的方式有哪些？沟通计划的内容有哪些？
7. 列举装饰项目中的某一案例进行沟通计划的编写。

★ 思政训练

1. 沟通中的障碍有哪些？试举例说明，从党的方针政策与爱国主义情怀的角度来解决沟通障碍。
2. 在冲突管理时，政工干部与党员施工员该采取何种措施？请举例说明。

参考文献

REFERENCE DOCUMENTS

［1］刘尊明，崔海潮．建筑施工技术与组织［M］．北京：中国电力出版社，2017.

［2］陕西建工集团有限公司．文明施工标准化手册［M］．北京：中国建筑工业出版社，2017.

［3］赵志刚．建筑安全管理与文明施工图解：第2版［M］．北京：中国建筑工业出版社，2019.

［4］高福聚．工程网络计划技术［M］．北京：北京航空航天大学出版社，2008.

［5］彭跃军，常振亮．实用建筑装饰工程技术资料管理手册［M］．北京：中国建筑工业出版社，2008.

［6］孙耀乾，张昊．筑装饰施工组织与管理［M］．北京：水利水电出版社，2010.

［7］罗忠萍，付昕，余晖．建筑装饰施工组织与管理［M］．北京：中国建材工业出版社，2014.

［8］中国建设教育协会．施工员岗位知识与专业技能［M］．北京：中国建筑工业出版社，2017.

［9］江苏省建设教育协会．施工员专业管理实务［M］．北京：中国建筑工业出版社，2014.

［10］筑龙网．建筑装饰装修工程施工组织设计范例精选［M］．北京：中国电力出版社，2006.

［11］李继业，赵恩西，刘闯楠．建筑装饰装修工程质量管理手册［M］．北京：化学工业出版社，2017.

［12］王国诚．建筑装饰装修工程项目管理［M］．北京：化学工业出版社，2006.

［13］徐红博．建筑装饰装修工程资料管理与表格填写范例［M］．北京：中国计划出版社，2017.

［14］中国建筑工业出版社．装饰装修·专业工程·施工管理（施工大全）［M］．北京：中国建筑工业出版社，2014.

［15］江清源．建筑装饰装修工程安全管理［M］．北京：中国建筑工业出版社，2013.